BUILDING GAMES - SPACE MODEL ART DESIGN

游戏建筑

空间模型艺术设计

李绪洪　陈怡宁　著

SPM
南方出版传媒
广东人民出版社
·广　州·

图书在版编目（CIP）数据

游戏建筑——空间模型艺术设计 / 李绪洪．陈怡宁 著．—广州：广东人民出版社，2016.11

ISBN 978-7-218-10579-6

Ⅰ．①游… Ⅱ．①李… ②陈… Ⅲ．①建筑艺术—少儿读物 Ⅳ．① TU-8

中国版本图书馆 CIP 数据核字（2015）第 278835 号

YOUXIJIANZHU-KONGJIAN MOXING YISHU SHEJI
游戏建筑——空间模型艺术设计
李绪洪 陈怡宁 著

出 版 人： 曾 莹

责任编辑： 林小玲 刘 奎
装帧设计： 方儒浠 朱文婉
责任技编： 周 杰 吴彦斌

出版发行： 广东人民出版社
地 址： 广州市大沙头四马路 10 号（邮政编码：510102）
电 话：（020）83798714（总编室）
传 真：（020）83780199
网 址： http://www.gdpph.com
印 刷： 珠海市鹏腾宇印务有限公司
书 号： 978-7-218-10579-6
开 本： 787mm×1092mm 1/16
印 张： 16.5 **字 数：** 250 千
版 次： 2016 年 11 月第 1 版 2016 年 11 月第 1 次印刷
定 价： 59:00 元

如发现印装质量问题影响阅读，请与出版社（020-83795749）联系调换。
售书热线：（020）83795240

本书是广东省“十一五”教育科学“少儿建筑环境艺术设计教学理论与课例研究”（批号：2010tjk091）、广东省学位与研究生教育“基于从业方向分类下的环境艺术设计研究生培养模式研究”（批号：2013JGXM-MS21）、广东工业大学高教基金“以俱乐部形式的通识艺术教育研究”（批号：2013WT03）、广州市少年宫教育科学“游戏建筑与少儿美术教育研究”项目的研究成果之一。

目录

Introduction
绪论

一直以来，城市建设项目多数缺乏市民参与互动，单靠设计师的主观设计，有时重视了功能设计而忽视了精神上的需求，有时却只考虑了精神上的需求而忽略了基本功能的使用。事实上建筑的使用功能和精神需求犹如人的躯体与手足的关系，他们之间相互协调。建筑必须在满足使用功能的前提下，同时还能让建筑传递出某种精神上的需求才是一件好作品。城市建设项目需要广大市民的参与，集思广益，才能裨补缺漏。然而，要使广大市民有着敏感的审美意识和城市主人翁的责任感，最好的方法是从少儿的审美教育和环境保护意识抓起。如：我们教学团队在 2012 年与广州市少年宫及广州现代交通与可持续发展政策研究所（ITDP）一起举办了“道听童说——儿童城市交通设计”夏令营活动，组织了 100 多位年龄在 5 至 18 岁的少儿参加了广州市的城市设计项目，由这些孩子提出设计方案并制作模型，聘请设计师、教育家组成评委团对他们的作品进行点评。在评选过程中，专家们聆听孩子们对城市交通设计的诉求，孩子们得到专家们的专业指导，活动引发了人们对儿童安全出行的关注，以及构建美好城市和幸福社会的思考（图 1-2）。

图 1 李绪洪教授带小学生在户外写生

图 2 李绪洪教授与华南理工大学建筑学院博士生导师邓其生教授带领研究生在做古建筑保护方案

1. 营造有趣的教学课程

在课堂上我们以游戏的方式介入，教授学生基本的设计理念、设计方法，以及如何制作建筑模型，目的是让生活在统一而冷漠得像“大工厂一样”的城市学生，留有一个容纳理想与梦想的精神家园，与城市的现实环境对话，用心灵的图式设计城市的未来，长大了能成为一位具有高审美素质的公民。

课程采用欣赏、分析、设计、模型制作等方法。首先从人类生存的意义来分析城市建筑与环境存在的问题，再从城市建筑与环境来分析城市生态平衡的作用，使学生认识环境对人类生存的重要性，诱导学生保护环境，防止环境继续恶化。重点给学生分析城市的历史文化底蕴以及未来的发展方向；建筑环境对城市发展的重要性；以及如何从优化、整合、经营的角度来发展城市的文化内涵，引导建筑环境艺术设计。课堂从“游戏”中切入，从科技信息进行诱导，激发学生对建筑环境的关注，让学生细心观察城市的每一片区域，思考城市的历史街区与城市设计的关系，增强学生主人翁的意识。

实验班将不同年龄层次的学生混合在一起上课，他们一起讨论，合作完成设计方案和建筑模型，高年级的学生制作能力较强，低年级的学生想象力比较丰富，他们之间互相协作，裨补缺漏。我们教学团队从应用的“知”与实践的“行”的角度来引入教学，寓教于乐，让学生在自由创作的状态下进行设计，突破了传统的纯理论和纯技术的分层教学方式。本课程给学生主要分析：

（1）建筑空间模型的定义

建筑空间模型是设计师在设计过程中运用各种媒介、技术和手段，以三维立体的形式，巧妙地将设计方案转化为具象的建筑模型，塑造直观的建筑形象，表现设计师的意图和性格，以及作品的效果和品质。

常规的建筑设计方案有两种表达方式：一是建筑的平、立、剖面的设计图纸方案，二是建筑的立体模型方案。

（2）建筑空间模型的用途

一是完善设计构思。在建筑设计过程中，当各种平面设计构思初步完成后，为了使功能、形态、构造、结构、材料和色彩等构思更加深入，需要借助空间模型来帮助推敲，从而完善设计。一般采用的形式比较粗略，对材料和制作工艺要求不高，其目的是对方案进行深入研究，起到草图立体化的作用。

二是表现建筑实体。目的是向观者展示某一建筑特色的其中一种形式，如：比例、材料和色彩的配搭等，要求表现建筑的真实性。一般制作工艺比较精细，因为精致模型能比较准确地传递、解释设计思路，展示设计效果，给观者一种真实的感受和体验，常用于表现大型的公共建筑、投标或作品展示等。

三是指导施工。在大型的建筑设计中，有一些建筑细部的结构比较复杂，平、立、剖的设计图纸不易看懂，造成了施工上的难度，为了保证施工的顺利进行，往往需要采用建筑实体模型来表现建筑的构造特点，便于指导施工。

(3) 建筑空间模型的特点

建筑空间模型与平、立、剖的设计图纸相比，具有直观性、时空性、表现性的特点。

直观性是指建筑空间模型以微缩实体的方式来表现建筑设计，使构思表现更加深入、完善，接近真实的建筑形式，这样人们能够清楚地观察到建筑与周边环境的关系，分析设计方案的可行性。

时空性是指建筑空间模型为观者提供一种建筑整体、实际功能、形态结构、体面之间与环境关系的客体模式。同时有利于设计师从多角度、多层次地分析建筑，解决问题。

表现性在于建筑空间模型比平面的设计图纸更形象真实，模型自始至终贯穿着建筑的设计意图，表现着建筑设计的理念。

在课程中，我们给学生安排了空间模型制作的“收放”训练。如：有人体尺度的、无人体尺度的、实体量形态的、虚空间容纳的等。使教学过程犹如一篇乐章，它需要运用“抑扬顿挫”的技巧，巧妙地使整个“教与学”的过程得到“和谐美”。将以“紧张”与“放松”递次相间的节奏进行，我们把这种方式叫做“收与放”。“收”能调动学生对课题的注意力和敏感性。在“紧张”的阶段，学生需要“细腻”而“耐心”。仔细体会学习的内容，严格遵守教师布置作业所给定的要求，这是课程中“收”的阶段。而“放”的阶段，同学们则被要求尽量地放开，去做多种尝试，体验未曾尝试的做法和经历未设计过的“奇遇”，这种方式会邂逅设计中偶然的效果，出现作品的精彩瞬间，并敏锐地将其捕捉下来。我们要求学生在这一阶段的训练过程中彻底放松，不要带有既往的任何“经验包袱”。学生要处于一种不拘谨的状态，才能真正地“放开”，才能去发现和捕捉作品中的偶然闪现的精彩。

下面是学生“收放”相间的课程作业：

(1) 骨架训练—体量与虚实的关系 [收 + 放] (图 3)。

(2) 空间训练—结构与围合的关系 [放] (图 4)。

(3) 片断训练—剖面与细节的处理 [收] (图 5)。

（4）抄图训练一尺度与图纸的认知 [收]（图 6）。

（5）空间功能训练一功能与整体的设计 [放 + 收]（图 7）。

图 3 骨架训练一体量与虚实的关系 [收 + 放]
我的“桥梁”模型 陈甘昕 13 岁

图 4 空间训练一结构与围合的关系 [放]
我的“房子”模型 陈盛文 19 岁

图 5 片断训练一剖面与细节的处理 [收]
“流水别墅”主体建筑模型 蒙子伟 18 岁

图 6 抄图训练一尺度与图纸的认知 [收]
“流水别墅”模型（比例尺 1:60）聂小娣 20 岁、卢慧琪 19 岁、李佩佩 19 岁、邓良伟 20 岁、陈天亮 19 岁、蔡宇亮 20 岁

图 7 空间功能训练一功能与整体的设计 [放 + 收]
山水间——潮州戏剧博物馆模型 肖炳强 23 岁、陈少东 23 岁、张可莹 22 岁、佘慧敏 22 岁

模型制作能帮助学生主动积极地构建自身的美学架构和艺术的评判标准，启发学生多元而活跃的艺术思维。在艺术认知上能够做到从简单描述事物的客观真实到分析一整理一再描述的主观真实。这是一个从“知觉”到“直觉”的过程，或是从“直觉”到“知觉”的过程。训练从抽象形态捕捉到具象形态表达的能力，强调抽象语言与设计意图的一致性，在分析与理解基础上建立更为宽阔的美学知识系统、培养创造性思维。

2. 营造大学与社区的教学平台

本项目将我院培养的本科生“回归”到中小学生的基础教育中，成为拉动中小学艺术课的纽带，探索高校设计课程与中小学美术课如何接轨，并根据研究生的实际情况，制定培养计划，以从事教育工作为目标的则采用“教学实践”的培养计划；以从事设计为目的则采用“应用实践”的培养计划，满足本科生个性发展的要求，为本科生发展提供成才的途径。我们根据教学实践，推动了《广东工业大学建筑与环境艺术设计专业本科教学大纲(2010年版)》的调整，适当把环艺系专业课往本科一、二年级拉前，改变了原来一、二年级的“后高考”的课程状态。

通过教学实践。第一，打破了原来高校艺术设计课程与中小学美术课不对接的状态，在“普及教育”中实现“精英教育”。第二，将不同年龄层次的学生混合在一起讨论、设计和制作，互相学习，中小学生想象力活跃，本科生制作能力强，通过互补，集思广益，形成了主动学习的气氛，与常规课堂不同，从娱乐到专业学习，从感性到理性思维，激发了学生对环境艺术设计的兴趣。第三，采用直观形象的教学法，运用现代多媒体教学方式，刺激了学生的思路，调动了学生学习的主动性。第四，在课堂上学生们分工合作，培养了团队合作精神与个人组织能力。第五，课程是理性思维的实操，也是对学生情商和智商的锻炼。

通过教学实践，打破独自闭门研究的习惯，邀请广东工业大学、广东外语艺术职业学院、广州市少年宫三个不同层次的教学单位共同参与教学研究和实践，丰富了教学形式；结合广州市少年宫教学实践基地建设，整合资源，营造大学与社区的教学平台，创造性地提出了教学的“基本要求”和“较高要求”，使得教学理论与教学实践相结合，为社区教育服务。

李绪洪、陈怡宁

2016.6

第二章

Making materials and tools
制作材料与工具

第一节 制作材料

2.1.1 纸质材料

由于纸质材料切割容易，制作起来方便且制作成本较低，常用作建筑空间模型制作的主要材料。其类型的多样为制作各种形态和质感的建筑空间模型提供丰富的材料选择，如卡纸、瓦楞纸、哑粉纸、亚光铜版纸、喷墨打印纸、铜版纸和相片纸等。纸张的厚度也可以根据建筑空间模型的题材进行选择。一般涉及到弧面的建筑模型，可采用150g-180g的纸质材料，用美工刀或剪刀裁切即可。

卡纸

材料的特点：细腻平滑、坚挺耐磨，有较为均匀的吸墨性和较好的耐折度；纸面色质纯度较高，可供选择的颜色种类较多（图1）。

图1 有色卡纸

克　　数：80g、120g、180g、230g、300 g、350 g、400 g 等。（分克数不同以表示卡纸的不同厚度）
厚　　度：0.25~1.8mm 等。
平面尺寸：210mmX297mm、380mmX520mm、535mmX760mm 等。
配合的工具：美工刀、剪刀；普通胶水、固体胶、胶带等。
注意事项：容易吸潮，且后吸潮容易产生翘曲变质；所以，要防止挤压以免产生条痕，影响模型的整体造型。

瓦楞纸

材料的特点：强度较大、延展性强、缓冲性能较好；瓦楞纸分为单层瓦楞纸板和多层瓦楞纸板，多层瓦楞纸板在单瓦楞纸板（一层波浪形纸面）的基础上粘合多层平面和波浪面纸板（图2）。

图2 瓦楞纸板

厚　　度：素色的瓦楞纸可分为三层、五层、七层和十一层，1~8mm 等。
平面尺寸：70cmX120cm、170cmX700cm 等。
配合的工具：美工刀、剪刀；普通胶水、固体胶、胶带等。
注意事项：容易吸潮，且后吸潮容易产生翘曲变质，所以，瓦楞纸要防潮、防挤压。如对纸质材料的厚度和质感有特殊要求，可通过裱纸来解决。

2.1.2 塑料材料

塑料材质具有质轻、耐腐蚀和现代质感的特点，是现代建筑空间模型的主要制作材料。其可供选择的品种多达数几十种，而制作模型应用最多的是热塑性塑料，主要包括有聚氯乙烯(PVC)、聚苯乙烯（白泡沫)、ABS塑料、有机玻璃（亚克力）等，它们可以满足各种现代建筑空间模型的需求。但各种塑料材质的特性也存在着一定的差异，所以，在运用的过程中，要先了解材料的特性再实行制作。

ABS塑料

材料的特点：质轻、耐腐蚀、尺寸稳定、染色性好、冲击强度较高。类型包括有板材、棒材、管材等（图3-5）。

3 | 4 | 5

图3 质轻ABS塑料板
图4 实芯圆形ABS塑料条
图5 空芯圆形ABS塑料管

板材厚度：0.3mm~6mm等。
平面尺寸：12cmX24cm、30cmX20cm、50cmX60cm等。
棒材和管材长度：25cm、50cm、100cm等。
直径：1mm~200mm等。
配合的工具：勾刀、笔刀、激光切割机；ABS胶水、YDZ胶水等。
注意事项：ABS塑料可采用热加工；但耐候性较差，在紫光线的作用下易产生降解。

聚苯乙烯（白泡沫)

材料的特点：聚苯乙烯（白泡沫）的质量较轻、可塑性较强。是由常见的微细闭孔泡沫颗粒加热预发后在模具中成型的白泡沫材料（图6)。

图6 聚苯乙烯（白泡沫）板

厚度：3mm~200mm等。
平面尺寸：10cmX10cm、50cmX50cm、100cmX100cm等。
配合的工具：美工刀、单片钢锯、电热切割器；乳白胶、苯板专用胶等。
注意事项：油漆会侵蚀聚苯乙烯，因此，上色避免采用油漆颜料。

聚氯乙烯（PVC）

材料的特点：防水、防腐、耐酸、耐碱、着色性强、容易切割、使用范围广。

聚氯乙烯（PVC）有片材、管材和线材三种类型（图 7-9）。

片材厚度：0.3mm~20mm 等。
平面尺寸：200mmX300mm、300mmX400mm、580mmX580mm 等。
管材和线材的长度：100cm~400cm 等。
直径：10mm~300mm 等。
配合的工具：美工刀、细齿圆锯、曲线电锯；PVC 专用胶水、YDZ 胶水、502 胶水等。
注意事项：不同于 KT 板，使用 502 胶水不会使其腐蚀。

7 | 8 | 9

图 7 聚氯乙烯（PVC）板
图 8 聚氯乙烯（PVC）管
图 9 聚氯乙烯（PVC）线

有机玻璃（亚克力）

材料的特点：材质较轻、方便加工、耐酸耐碱、具有透光性好、强度高、色彩多样等特点。从色泽上分，可分为无色透明和有色透明；从形态上分，可分为板材、棒材和管材等（图 10-12）。

板材厚度：1mm~200mm 等。
平面尺寸：12cmX24cm、20cmX25cm、50cmX50cm 等。
棒材和管材的长度：50mm~3000mm 等。
直径：2mm~300mm 等。
配合的工具：勾刀、曲线锯、电锯、激光切割机；仿氯、热熔胶、玻璃胶、UV 无影胶等。
注意事项：超过 85℃的高温会使其变形；材体容易被刮伤；不能接触有机溶剂；容易粘附灰尘等。

10 | 11 | 12

图 10 有机玻璃（亚克力）板
图 11 有机玻璃（亚克力）棒
图 12 有机玻璃（亚克力）管

2.1.3 木质材料

常规的木料材料容易获得，可塑性强，且具有天然的肌理，常用于制作色感柔和、质感朴素的建筑空间模型的材料。虽然木料具有质感强、尺寸稳定且表现力极强的特性，但木材对于手工制作的要求较高，且具有成型后相较于塑料材质的模型不易搬运的特点。市面销售的木材大部分是经过加工的原木或人造板材，在选择模型材料的时候，往往倾向于选用雪糕棒、轻木、软木和木皮等木料。

雪糕棒

材料的特点：容易加工、容易上色、使用范围广、材质细腻、轻便；侧面边缘分为直边和曲面；颜色分为原色和彩色等（图 13）。

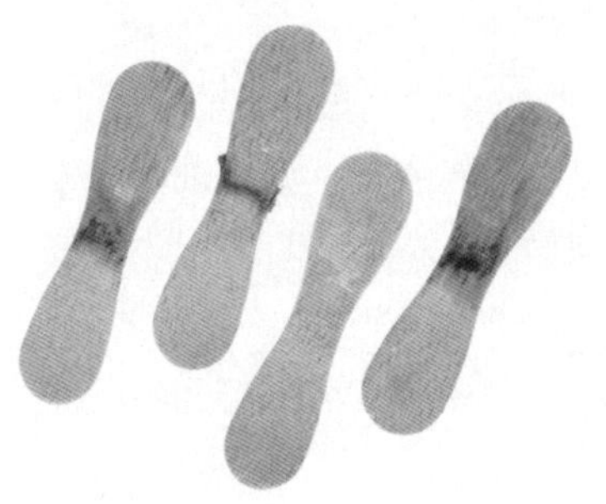

厚　　度：1~3mm 等。
平面尺寸：93mmX10mmX2mm、150mmX18mmX1.6mm 等。
配合的工具：美工刀、剪刀；乳白胶、热熔胶等。
注意事项：可作为建筑空间模型的瓦面、墙面和栏杆等部件的主要材料。

图 13 木质雪糕棒

轻木

材料的特点：质地细腻、轻巧、抗菌、隔潮；容易加工和上色、不易变形和开裂。它是对原木（桐木、巴尔沙木等）进行化学处理和脱水压制而成的板材（图 14）。

厚　　度：0.7mm~8mm 等。
宽　　度：10cm~25cm 等。
长　　度：30cm~100cm 等。
配合的工具：美工刀、线锯；瞬间胶、乳白胶、AB 胶等。
注意事项：502 胶水对其有轻微的腐蚀性。

图 14 轻木板

软木

材料的特点：防潮、耐磨、耐油、耐酸、绝缘、保温，是将橡木保护层粉碎后压制而成的一种新板材，表面显现天然肌理（图15）。

厚　　度：3mm~10mm 等。
平面尺寸：60cmX90cm、122cmX80cm、122cmX200cm 等。
配合的工具：美工刀；乳白胶、黄胶、万能胶等。
注意事项：具有弹性且可弯折；防止受潮膨胀。

图 15 软木板

木皮

材料的特点：易加工、材质细腻、纹理清晰、强表现力，是一种由圆木旋切而成的木质贴面材料（图 16）。

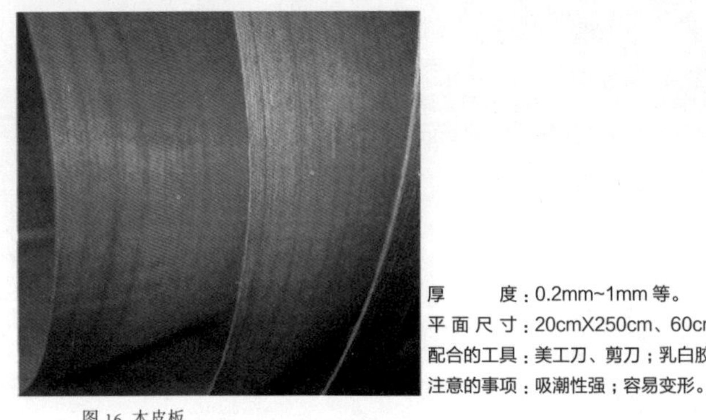

厚　　度：0.2mm~1mm 等。
平面尺寸：20cmX250cm、60cmX250cm 等。
配合的工具：美工刀、剪刀；乳白胶、万能胶、热熔胶等。
注意的事项：吸潮性强；容易变形。

图 16 木皮板

2.1.4 可塑形材料

市场上可供选择的可塑形材料类型较多，适合做流畅柔美的线条和光洁平滑的表面造型，该材料固有的材质感以及厚重感带来的细微的光影变化能使模型形态更具表现力。可塑形材料在塑造过程中，具有可修改和易调整的特性，在固化变硬后可切削打磨，是一种比较理想的造型材料。另外，其材料的可重复使用性还可在模型完成后进行细部缺陷的修补。同时因为材质软黏，在塑形过程中需注意适当在内部增添骨架。

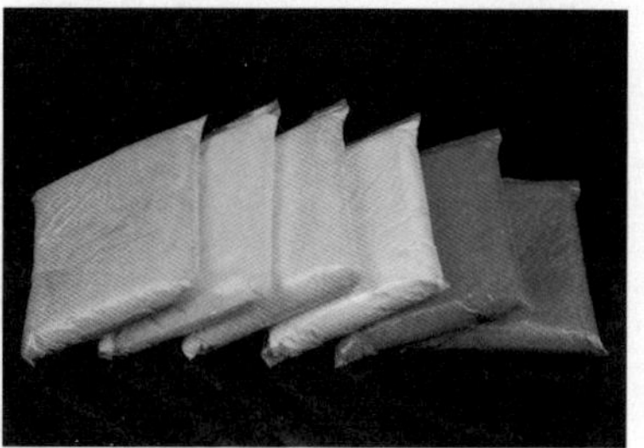

17 | 18

图 17 瓶装黏土
图 18 袋装黏土

黏土

材料的特点：延伸度大、可塑性强；色彩种类多样，可通过混色调出所需颜色等（图 17-18）。

盒　　装：3cmX7cm、5cmX8cm、8cmX12cm 等。
重　　量：92g、180g、250g 等。
袋　　装：12cmX17cmX2cm、15cmX21cmX3cm 等。
重　　量：100g、250g、500g 等。
配合的工具：塑形木刀、硬质薄板；水性颜料、丙烯等。
注 意 事 项：水分失去过多会造成材料龟裂；如没有经过特殊处理，不利于长期保存。

油泥

材料的特点：黏性高、韧性强、不易干裂、可塑性强、可反复使用；适合制作小巧、异型和曲面较多的造型等（图 19）。

图 19 油泥块

袋　　装：14cmX8cmX1.3cm、11cmX8cmX2cm 等。
重　　量：200g、300g 等 。
配合的工具：泥塑刀；丙烯、喷笔等。
注 意 事 项：加热到 60℃后可软化，冷却后恢复原有硬度；需抛光时可加热处理；直接上色容易脱落；需加热处理后才上颜色。

石膏

材料的特点：质地细腻、适用范围广、易于长期保存。石膏粉加水干燥后成为质地轻而硬的固体，同时，可采用模具灌制法进行同一物件的多次复制等（图 20）。

图 20 石膏粉

细　　度：1500 目、2000 目等。
重　　量：500g、1250g、2500g 等。
配合的工具：喷漆、乳白胶、消泡剂、骨架材料等。
注 意 事 项：水和石膏粉的调和比例一般为 35:100，石膏的硬度与搅拌的均匀程度是成正比；白乳胶可增加石膏的牢固度，但会使石膏粉凝固时间延长，且上色不易被石膏吸收；消泡剂用于消除石膏粉搅拌产生的气泡，同时，边搅拌边震动容器可减少气泡的产生；石膏需在内部添加加固材料，如玻璃纤维、竹签、ABS 管材等，以提升石膏的牢固度。

造景泥

材料的特点：操作简便、可塑性强、无需调配、附着力强、不易开裂、颜色多样，是用于制作山地丘陵、平原、沼泽、沙滩和雪景等地形地貌的造型材料（图21）。

桶装重量：400g、2500g；400g可平铺1cmX30cmX30cm。
配合的工具：乳白胶、草粉、化妆土、丙烯、板刷等。
注意事项：制作后约40分钟表面可固化，彻底干燥需要1~2天，但可用暖风机辅助风干；需塑造高地形时内部需添置骨架材料，如废纸、白泡沫、塑形布等。

图21 造景泥

2.1.5 辅助材料

辅助材料主要用于造景，以营造主体建筑模型外围的环境氛围。模型行业的发展使得市场的模型辅助材料种类的日益增多，从仿真各科属植物、地形地貌、交通工具、家具摆设等，到近年涌现出的新材料，如电工材料中的LED跑马灯条、斑马线灯条等，无论是仿真程度还是使用价值都超越传统材质和自制材料，使现代建筑空间模型的效果更具表现力，制作过程更具系统化和专业化。

仿真草皮

材料的特点：色泽逼真、维护简便、仿真程度高、受环境影响小、使用寿命长，是用于表现建筑空间模型绿地的一种专用材料（图22）。

厚度：3mm~2cm等。
平面尺寸：25cmX25cm、40cmX50cm、50cmX100cm等。
配合的工具：美工刀、剪刀；乳白胶、双面胶、U胶、热熔胶等。
注意事项：可循环卷曲使用，可根据模型的色彩关系选择深浅程度不同的绿色草皮。

图22 仿真草皮

草粉

材料的特点：修饰效果佳、色彩种类多，是一种用于概括表现模型周边绿化物的针状尼龙绒毛或团状粉末海绵颗粒（图 23）。

图 23 草粉

袋装重量：30g、50g、250g 等
长　　度：2~4mm；
30g 可平铺 1mmX300mmX400mm。
配合的工具：双面胶、乳白胶、漏网
注意事项：草粉适合表现草地和团状粉末，如表现大面积的植被；草粉出现结块的情况可使用漏勺解决均匀铺洒的问题。

水纹片

材料的特点：纹理清晰、仿真度高、易于长期保存；材质为半透明的 PVC 软胶片，其纹理有流水纹、静水纹和细水纹等可供选择（图 24-25）。

24 | 25

图 24 透明水纹片
图 25 流水纹、静水纹和细水纹的水纹片

厚　　度：0.5mm 等。
平面尺寸：12cmX28cm、27cmX55cm、27cmX100cm 等。
配合的工具：美工刀、剪刀、热熔胶等。
注意事项：可在其底面粘贴相应色卡纸和颜料，以表现所需水面的颜色。

地面贴纸

材料的特点：纹理清晰、操作方便、仿真效果高，是建筑模型的室内及室外贴面的材料（图 26）。

图 26 地面贴纸

平面尺寸：140mmX197mm、285mmX420mm 等。
配合的工具：美工刀、剪刀；板刷、普通胶水等。
注意事项：与板材贴合时用硬质薄板刮平，以防止气泡的产生；贴合时应预留流动尺寸。

第二节 制作工具

2.2.1 测绘工具

空间模型制作的测绘工具有三角板、三棱尺、直尺、T 字尺、圆规、组合角尺、游标卡尺、万能角度尺等。

三角板

三角板有两种类型，分别是等腰直角三角板(即三个角角度为 90°、45°、45°)和特殊角的直角三角板(即三个角角度为 90°、60°、30°)。最长边为 15~50cm 不等。透明塑料、铝合金和木质是三角板的常见材质。用作长度的测量及 15°整数倍角的标画(图 27-29)。

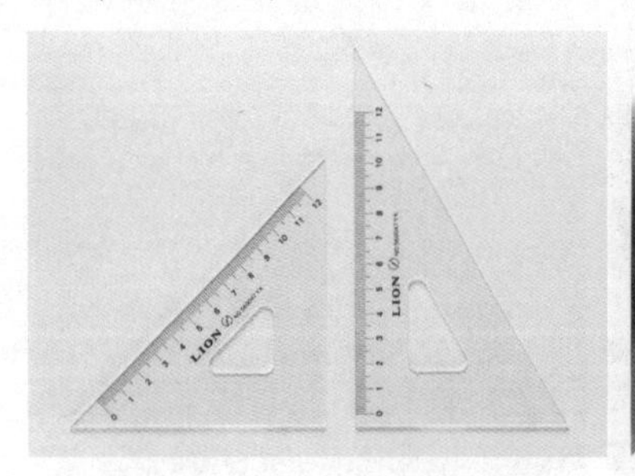

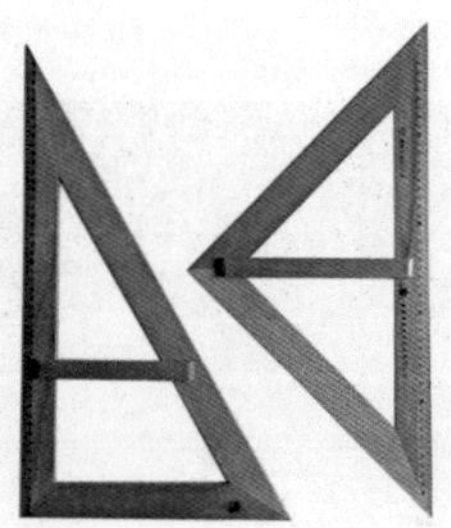

27 | 28 | 29

图 27 透明塑料三角板
图 28 铝合金三角板
图 29 木质三角板

三棱尺

三棱尺具有三个工作面的立体结构，角度互为 60°，长度有 200-1000mm，工作面宽度有 30-60mm，换算的比例尺有 1:20~1:600 可供选择。三棱尺材质多为塑料、铝合金和不锈钢材质，主要用于直线、平面及辅助切线的测量和图纸的比例换算(图 30-31)。

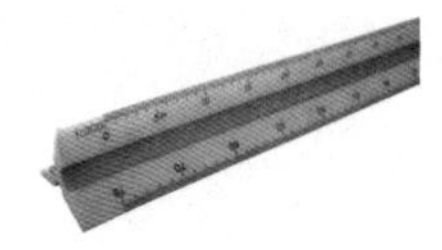

图 30 塑料三棱尺

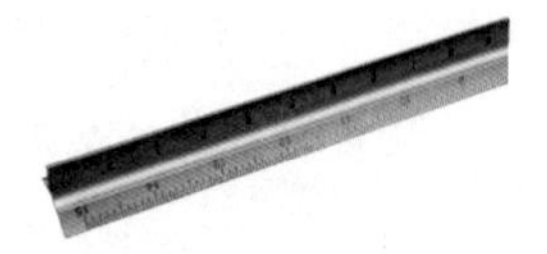

图 31 铝合金三棱尺

直尺

直尺又称为间尺，是带有刻度的直式标尺。最小刻度为 1mm，标度单位常为 cm，长度一般为 15~100cm 不等。材质常见为塑料、木质和不锈钢，具有一定硬度，否则为软尺。直尺主要用作计量长

度和描画直线（图 32-34）。

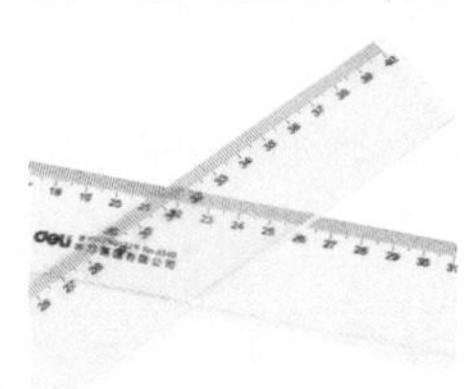

32 | 33 | 34

图 32 塑料直尺
图 33 木质直尺
图 34 不锈钢直尺

T 字尺

T 字尺又称为 T 型尺，由互相垂直的尺头和尺身构成。尺身规格一般为 600mm、900mm、1000mm、1200mm。多采用木料和透明塑料制作。T 字尺常在绘制图纸时与画板配合使用，可用作画平行线或用作三角板的支承物来画与直尺成各种角度的直线（图 35-36）。

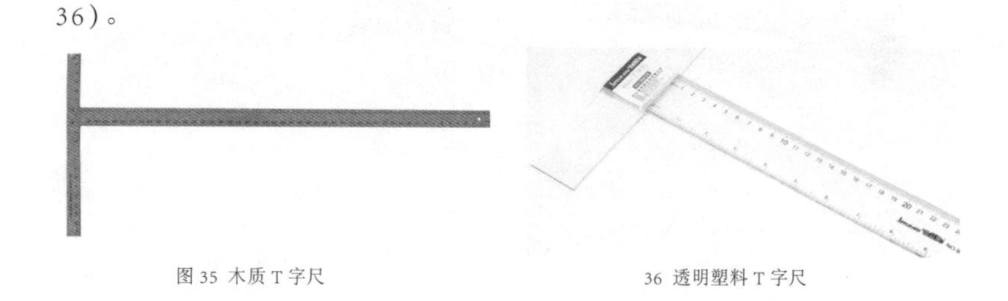

图 35 木质 T 字尺

36 透明塑料 T 字尺

圆规

圆规由支腿、笔体构成，其中由可作调整的铰链作连接。支腿长 10~15mm，画圆直径一般最大为 300mm。常见的圆规由塑料和金属制成。圆规用于绘制圆形和圆弧形；还有一种用于绘制椭圆的工具称为椭圆规（图 37）。

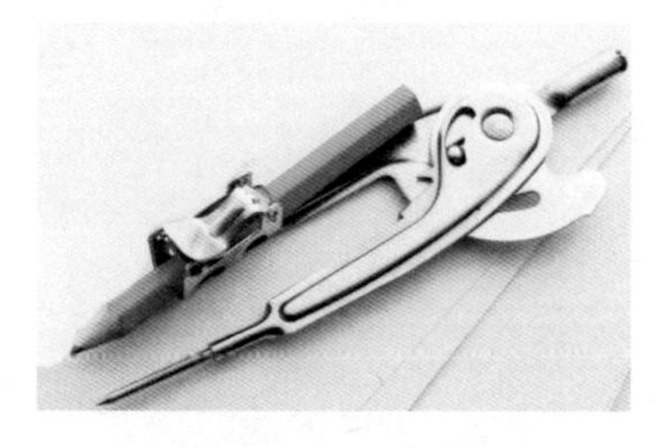

图 37 金属制圆规

组合角尺

组合角尺由不锈钢的尺身和铝合金的尺座组合而成，配以刻度、紧固螺丝、水平泡装置和划线针。一般尺身长度为 300mm，尺座长度为 100mm。功能为测量角度、长度、深度，水平度、垂直度，及可作为定位用具和划线器（图 38）。

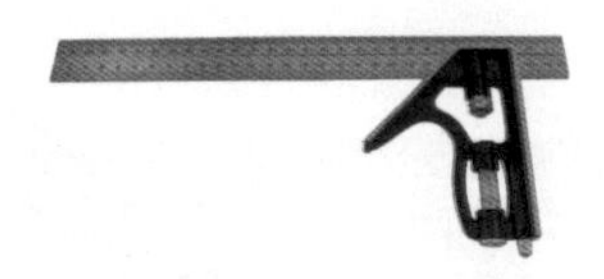
图 38 组合角尺

游标卡尺

游标卡尺由主尺和附在主尺上的游标构成，包括尺身、推动滚轮、限位螺钉、内径量爪、外径量爪、台阶测量面、深度测量面。主尺长（量程）150~300mm，材质为不锈钢和铜。游标卡尺主要用于测量工件的长度、内外径、深度等。另外，还有一种附带显示电子数据（图39-40）。

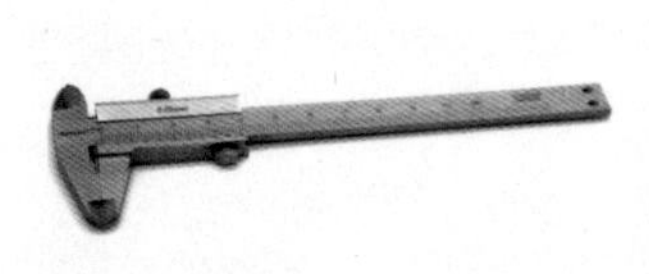
图 39 游标卡尺

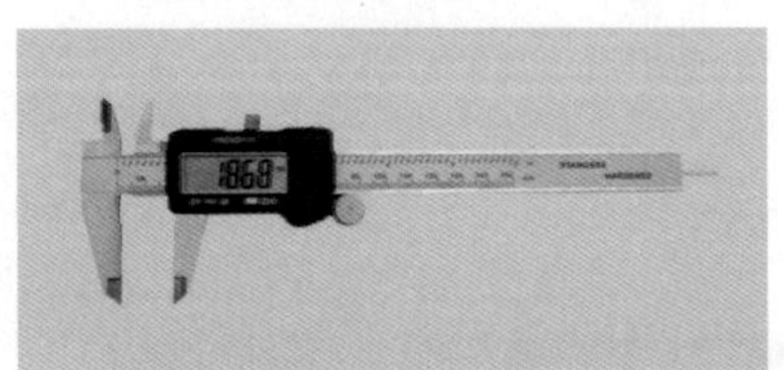

图 40 带显示电子数据的游标卡尺

万能角度尺

万能角度尺由直尺、扇尺、90° 角尺、游标、制动器、基尺等构成。规格分为 I 型 II 型，其测量范围分别为 0° ~320° 和 0° ~360° ，使用时应根据所测角度适当组合量尺。万能角度尺常为不锈钢材质，它主要用于工件内、外角度的测量及划线，也可用于电子角度尺代替（图 41）。

图 41 万能角度尺

2.2.2 裁切工具

空间模型制作的裁切工具有美工刀、剪刀、刻刀、木刨刀、锥子、手电钻、U 型锯、电热丝切割器等。

美工刀

美工刀由包围式的刀柄和推拉式的刀片两部分组成。分为大、小两种型号，刀口宽分别为 9mm 和 18mm。刀柄以塑料和不锈钢；刀片以合金制造，呈锐角的刀片用钝后可顺片身的划线折断。美工刀用于质地软薄材料的切割（图 42）。

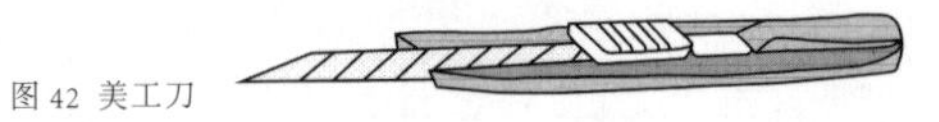
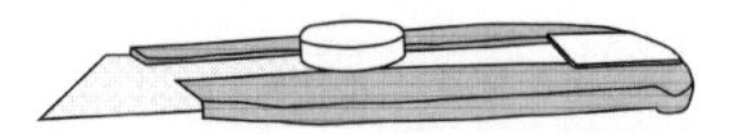

图 42 美工刀

剪刀

剪刀由大拇指控制的活动刀锋、无名指控制的静止刀锋和连接交叉两部分的轴眼构成。剪刀总长一般为 8~20cm。以塑料、铁、不锈钢、钒铁制成。剪刀以双刃开合用作切割布、纸、钢板、绳等片状或线状的物体（图 43）。

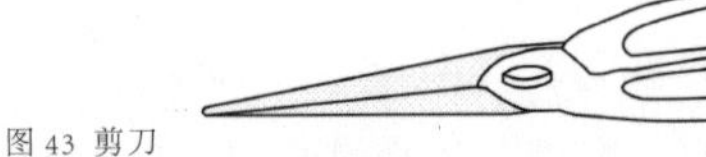

图 43 剪刀

刻刀

刻刀由刀柄和刀口组成。其型号的多样使刀柄长 135~150mm；刀口宽 0.5~5cm 不等，常见刀口的类型为弧形、斜边、平口、尖头等。刀柄的材质常为木料、钨钢和铝合金，刀口常为白钢、硬质合金。用于雕刻各类坚硬材质，如木头，石头等材料（图 44-45）。

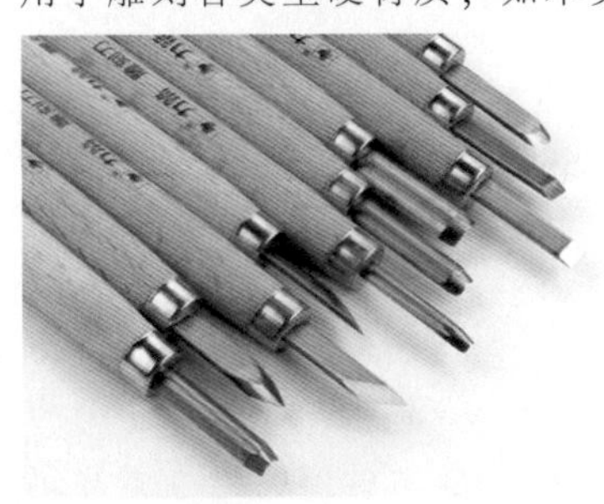
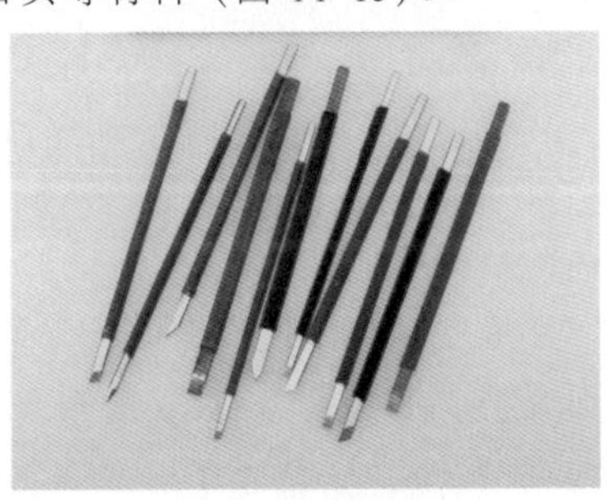

44 | 45

图 44 木刻刀
图 45 金石刻刀

钢丝钳

钢丝钳由可开合的手柄和钳刃交叉连接构成。它根据嵌体的大小可分为 6 寸钳、7 寸钳、8 寸钳，总长约为 155~220mm。钳刃常见材质为镍铬合金钢 、铬钒合金钢、高碳钢和球墨铸铁；手柄围合塑料以绝缘。钢丝钳用作铜、铁、硬钢等线状金属的剪切（图 46）。

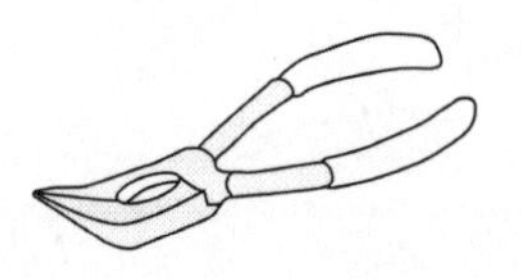
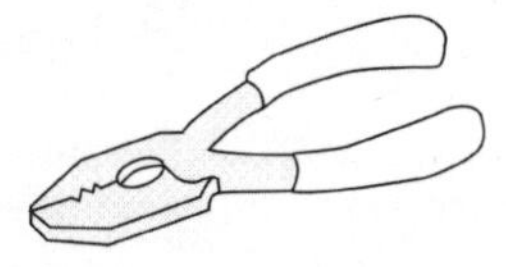
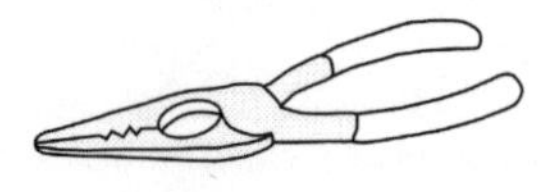

图 46 钢丝钳

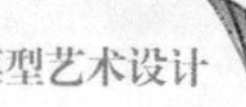

锥子

锥子由手柄和长形的金属针连接而成。根据刃尖不同用途也不同，锥子有圆锥和棱锥等形式，包括圆钻、扁钻、蛇头钻、鸡心钻等。总长为6~18cm。手柄材质有木材、塑胶、硅胶等；刃部由铜、硬质钢合金制成。锥子的功能是为布、纸、皮革、木材等材料上钻孔或刻划（图47）。

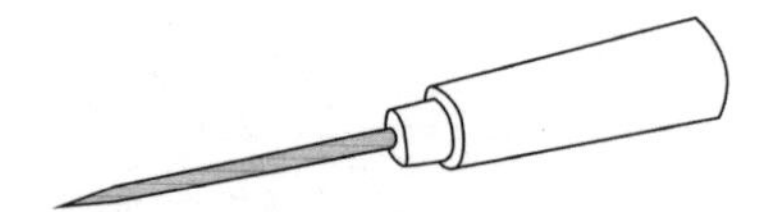
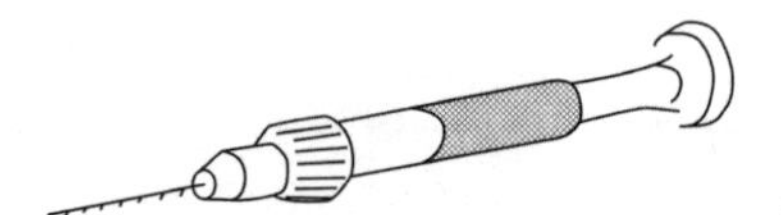

图47 锥子

手电钻

手电钻由小电动机、控制开关、钻夹头和钻头组成。根据功能和受体材质的不同，钻头可分为麻花钻头、开孔器、木钻头、玻璃钻头。钻头长5~30cm。手电钻用于塑料、木材、玻璃、金属的开孔、打磨和切割等（图48）。

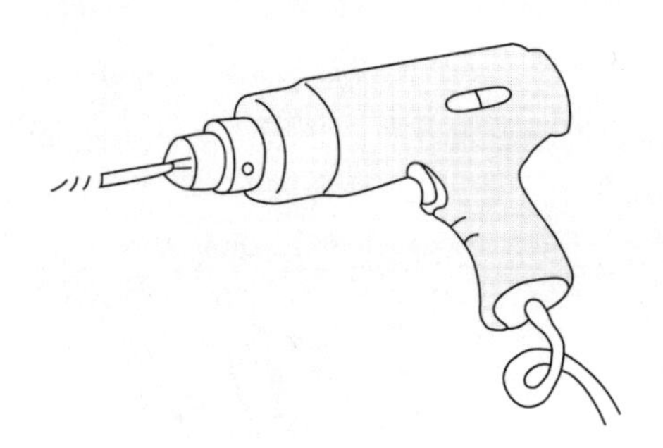

图48 手电钻

U型锯

U型锯由手柄、锯弓、锯条、锯钮、锁扣构成。根据锯条的粗细可分为1~8号类型；两锯钮开口区间为135~155mm；进深为70~300mm。U型锯手柄多为木质和塑料；金属质地的锯弓支撑玛钢的锯条，用于锯切各类木材、金属，塑料、亚克力板等（图49-50）。

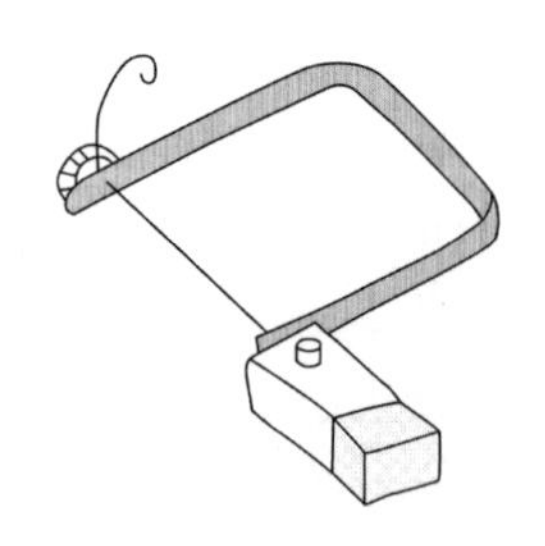
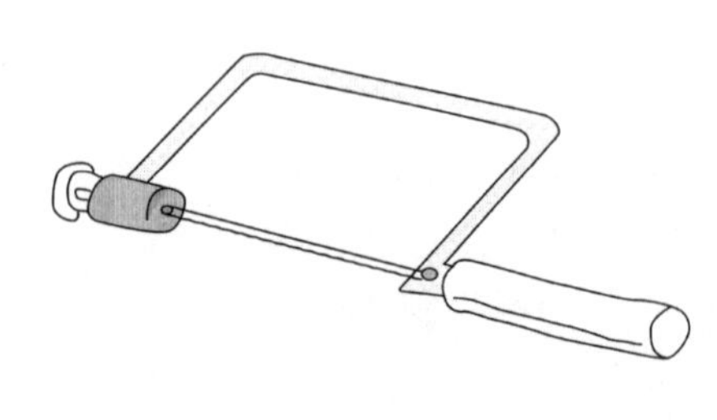

49 | 50

图49 U型锯1
图50 U型锯2

电热丝切割器

电热丝切割器由防火台面、立架、电热丝、储丝轮等构成。切割高度为 20~60cm，台面总长约 50~80cm。台面材质为防火密度板、立架为不锈钢。电热丝切割器用于裁切海绵、泡沫、KT 板等发泡类材质，以达到切割面光滑。另有功能相同的针式电热刀可供选择（图 51）。

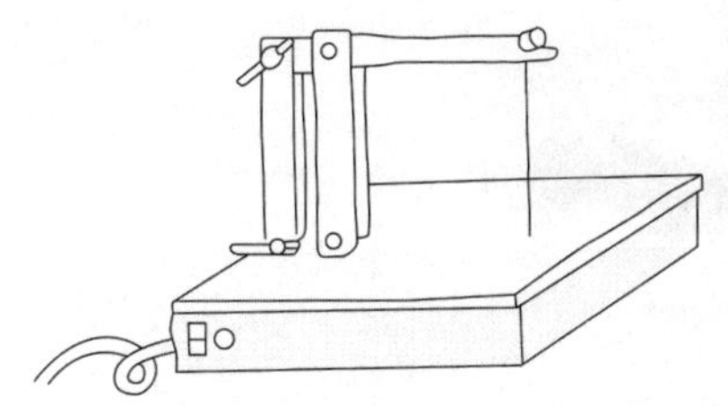

图 51 电热丝切割器

2.2.3 打磨工具

空间模型制作的打磨工具有砂纸、锉刀、刨刀、微型电磨、角磨机、研磨机等。

砂纸

砂纸由薄膜基材通过植砂工艺制作而成。砂纸根据粗磨至精磨的规格有 60 目~12000 目，包括金刚砂纸、玻璃砂纸、木砂纸和水砂纸等；尺寸一般为 230mm×280mm。砂纸可用于木材、石料和金属等材质表面的打磨和抛光，以使其光洁平滑（图 52）。

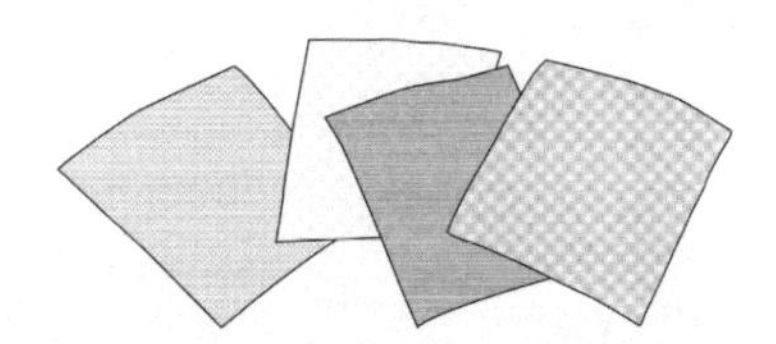

图 52 砂纸

锉刀

锉刀由刀柄和刀口连接而成。锉刀根据截面形状分为齐头扁锉、尖头扁锉、三角锉、方锉、圆锉等共 12 种。常见锉刀的型号有 3mm×140mm、4mm×160mm、5mm×180mm。锉纹号由粗到细分为 0~3 号。锉刀用于木料、玻璃和金属的打磨和修平（图 53）。

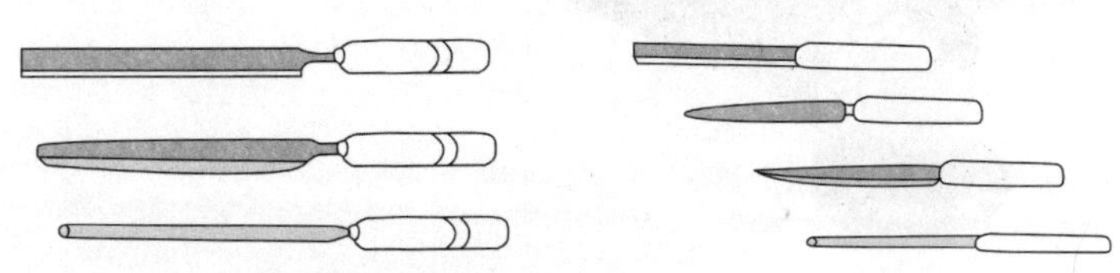

图 53 锉刀

刨刀

刨刀由刨体、刨刀、轴承和手柄构成。根据所需刨削形状的不同，刨体长有70~400mm；刨刀宽有3~50mm，包括边刨、鸟刨、柳刨、卡刨、线刨等。刨体、手柄常为木质；刨刀则为钢材。刨刀用于木料平面、曲面、直角面的刨光及修边（图54）。

图54 刨刀

微型电磨

微型电磨由机体、磨头钻孔、调速档位、软轴等组成。总长为15~35cm，磨头根据功能的不同分为抛光轮、切割片、麻花转头、金刚石磨头等。机体表面材质为塑料和铝合金。微型电磨用于石料、木材、有机玻璃和软金属等材料的打磨、抛光和开槽等（图55）。

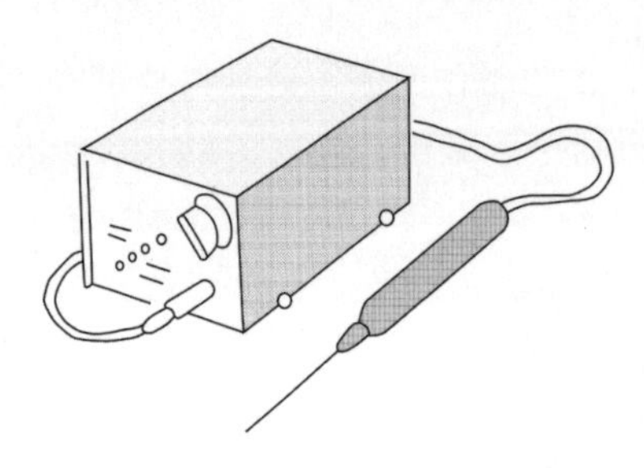
图55 微型电磨

角磨机

角磨机由齿轮、手柄机身、侧手柄、主轴锁、碳刷盖组成。根据材质和功能对应不同的齿轮，包括锯轮、抛光轮、切割轮、打磨轮等。整机长25~35cm，机身外壳多为塑料。角磨机用于对塑料、木材、玻璃和金属等材质不规则零件的切割、打磨和抛光等（56）。

图56 角磨机

研磨机

研磨机由植上磨料的磨床和底座构成。主要类型有圆盘式、转轴式和各种专用研磨机。整机以合金为材质，高度为 60~150cm；容积为 30~1200L。研磨机用于金属、塑料、树脂等材料部件的高精度平面、立体型、螺纹面和其他型面的抛光、修整和除锈等（图 57-59）。

57 | 58 | 59

图 57 研磨机 1
图 58 研磨机 2
图 59 研磨机 3

2.2.4 辅助工具

空间模型制作的辅助工具有笔、颜料、毛刷、垫板、粘合剂、热熔胶枪、镊子、台钳等。

笔

笔由笔杆和笔尖组成。笔的种类和型号多样，包括铅笔、毛笔、钢笔、中性笔、荧光笔、圆珠笔、蜡笔、粉笔、油画棒、色粉笔等；笔身长为 5~50cm 不等，出墨的色泽亦多样。笔的特性分为油性和水性。各种笔可应用于模型的各种标记、书写与绘画（图 60）。

图 60 各种水笔

颜料

颜料由有色的细颗粒粉状物质溶解于各种介质调制而成。从性能上分可为可溶性和不可溶性、有机和无机；根据着色力、遮盖力、耐光性、吸油量等不同，研制出涂料用、塑料用、陶瓷及搪瓷用、医药化妆品用颜料等。颜料用于空间模型色彩关系的调整及气氛的制造（图 61）。

图 61 瓶装颜料

毛刷

毛刷由木制或塑料刷身植入不同材质的丝状物组成。根据质地和功能的不同，毛刷可分为人造纤维丝（PA、PP、PBT、PET、PVC 等塑料丝）;天然毛料（猪鬃、马毛、羊毛、白棕等）;金属丝（钢丝、铜丝等）。毛刷用于对空间模型各种材料的清洁、涂饰、抛光等(图 62-63)。

62 | 63

图 62 人造纤维丝毛刷
图 63 羊毛毛刷

垫板

垫板由各种材质压制成片状板材。按所成型材料的不同，垫板可分为金属垫板和非金属垫板，常见有 PVC、硅胶和铝合金材质板。规格多为 A4~A1。(图 64-66)。

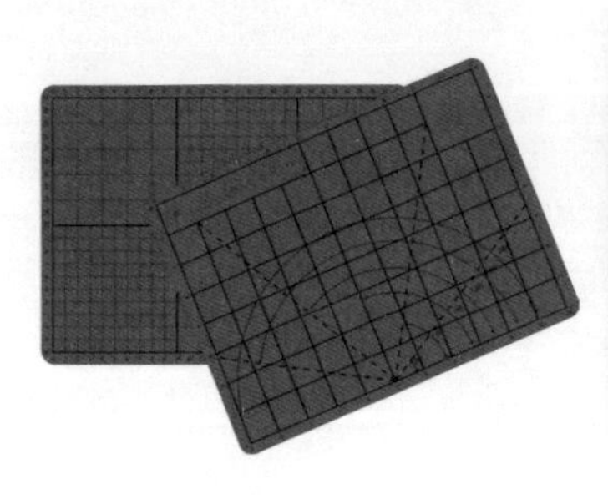

64 | 65 | 66

图 64 PVC 垫板
图 65 硅胶垫板
图 66 木质垫板

粘合剂

粘合剂由水或指定溶剂作为介质且与具有粘性的物质溶合而成。粘合剂主要有液态、膏状和固态三种类型，包括天然粘合剂和人工合成粘合剂。按其特性可分为永久性和可移除性两种。借助其粘性能将分离的纸质、塑料、木材等材料的部件相贴合（图 67)。

图 67 各类粘合剂

热熔胶枪

热熔胶枪由枪体、手柄、扳机、进胶口、温度调节器、电源构成。具有螺旋、条状、点状、雾状、纤维状等多种出胶方式。胶枪在使用前先预热3-5分钟，使用前的预热可使胶条熔解，便于往后部件的粘连。热熔胶枪用于空间模型材料上胶粘接（图68）。

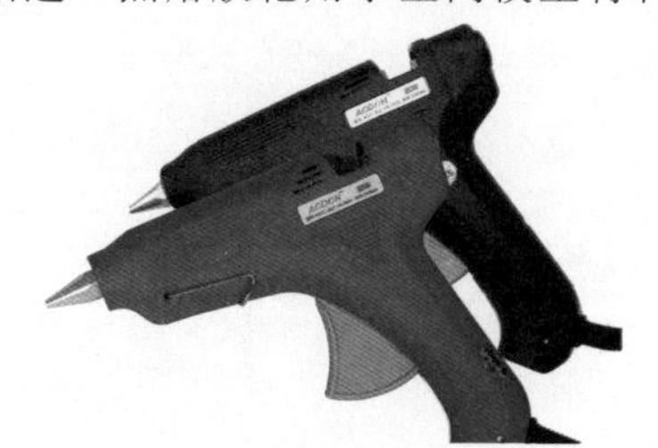

图68 热熔胶枪

镊子

镊子由可重合的镊嘴和镊身构成。镊嘴可分为直头、平头和弯头，包括防静电镊子、医用镊子 、净化镊子 、晶片镊子和防静电可换头镊子等。镊子一般镊长为10~20cm，常以不锈钢、塑胶、竹质等材料制成。镊子用于块状或颗粒状等细小物件的夹取（图69-71）。

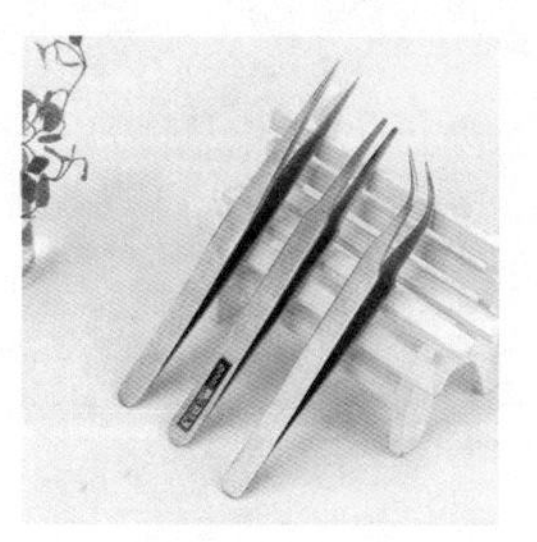

69 | 70 | 71

图69 不锈钢镊子
图70 塑胶镊子
图71 竹质镊子

台钳

台钳由活动钳身、固定钳身、底座、万向球、吸盘等部分构成，常安装于工作台边缘，或吸附于平滑的瓷砖或玻璃。钳口宽度规格为75~300mm。钳身为铝合金材质，型号分为大中小，高度约10~35cm。台钳常用于夹持部件，以便打磨、切割、装配和拆卸等（图72）。

图72 台钳

Production procedures and methods
制作程序与方法

第一节 制作程序

3.1.1 整体要求

空间模型制作并非是简单地将平面图纸转化为信手堆砌的立体构建物。所以，在制作前，应充分梳理设计思路、整理制作要素及预设制作中存在的难题（表 1-2）。空间模型是最终实物的模拟和检讨，所以，要宏观把握，准则是真实性、时空性、实用性，是以精美制作为目标，切忌将模型制作成有“玩具的感觉”。在建构细节时，应适当概括处理，不必拘泥细节，以大格局为重，有效地丰富和表现，但应在整体规划之范围内完善，即避免细节超过整个模型规模的负荷，才不至于因为模型的细部精细而整体走调。空间模型的整体形态美感决定其艺术性。首先关注的是建筑形态，而形态和谐后再给予色调和质感的配合。模型套色比较困难，有时为了套色，却被颜色迷住，顾此失彼。因此，最好是事先拟妥配色的方案。模型不一定要上色，如，主体建筑为单色，与周围环境配色，也能获得良好的形态表达（图 3-5）。

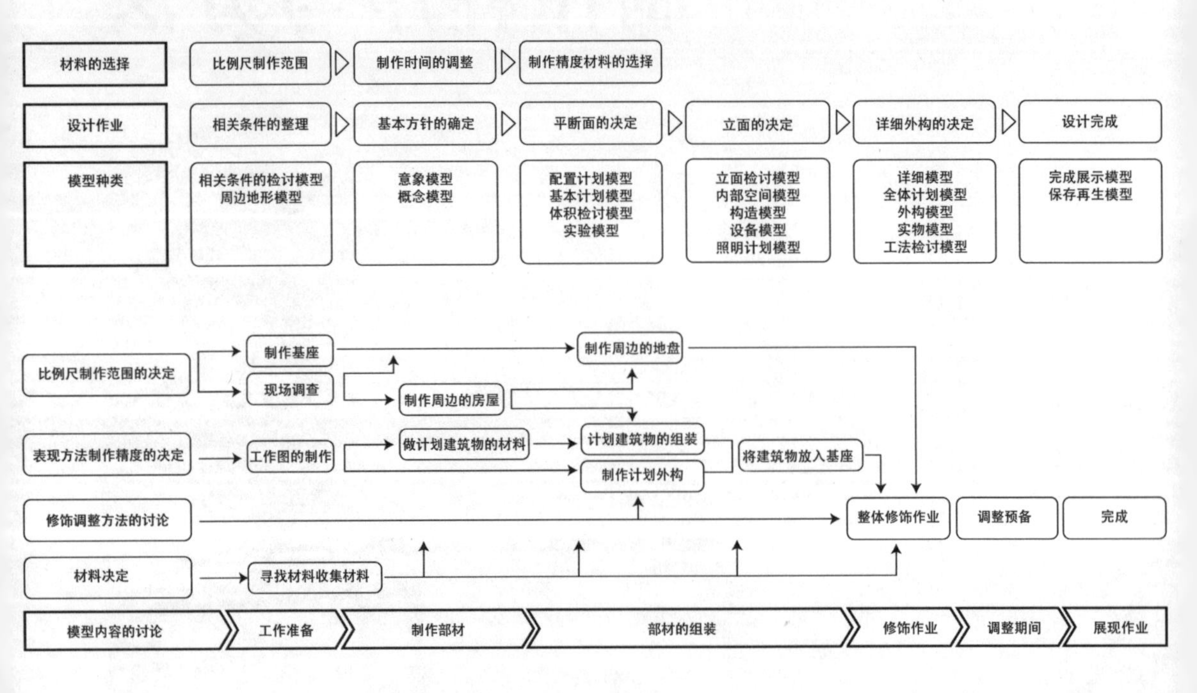

表 1 模型制作的整体规划

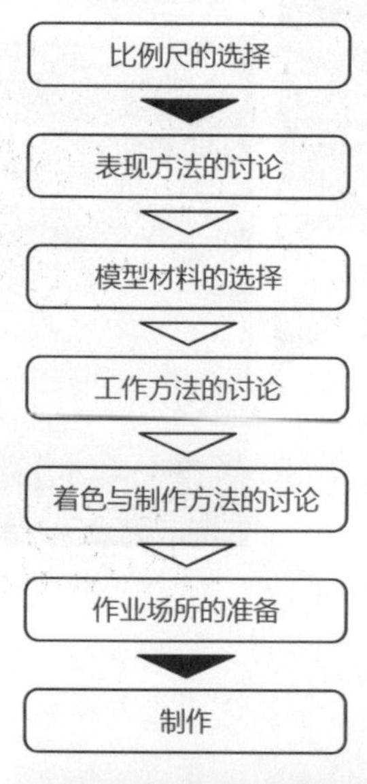

表 2 模型制作的程序

5
4
3

图 3 主体建筑为单色调
图 4 事先拟妥好的配色方案
图 5 主体建筑与地基外部结构的统一

卢浮宫金字塔模型 钟丽明 19 岁、杨梅芳 19 岁、潘翠瑶 19 岁、吴晓文 19 岁、谭嘉敏 19 岁、谢红杏 19 岁

空间模型制作的过程始终都应伴随着反复地尝试、检讨和修正，以便更有效率地、更好地做出原来的设计意图，目的在于模拟和检验实物建筑。只有对制作模型的目的和要求都充分认识，才能思考模型的表现方法，所以，即便完成，仍可检查。有时，模型拆除重做，才能精进检讨，实施修改，反复提升设计能力，方能使模型的效果达到与初衷的吻合。对于形状复杂的建筑空间模型，应对尺寸和材料作出细致地观察，尤其是曲面结构构成的部分（图 6-7）。

6 | 7

图 6 曲面结构的屋顶

图 7 多次修改的彩绘

北京故宫太和殿模型 吴桂坤 19 岁、王祖儒 20 岁、叶华国 18 岁、邱毅 20 岁、潘栩祥 20 岁、戚李钢 21 岁

制作模型所需的时间与材料处理的易难程度成正比，即材料越难处理，制作过程越耗时，所以，首先要选择易操作的材料。另外，不足的地方可用手绘的方法进行修饰（表 8）。手绘的方式有两种，单线刻画（即在材料中勾画出所需形状，或接缝处、窗框处的表现）和大面积覆盖（即在材料上色，包括涂刷和喷绘）。墨水、颜料和涂料有水性和油性之分，在实施之前，应充分了解其性质和特性，以贴合预想中的模型效果（图 9-11）。

模型各个部件的尺寸和组装的顺序应在编写计划书和绘制施工图时就应该有明确的规定。在制作的过程中，如果出现尺寸和效果的偏差以致与预设的计划发生差距，或在实施组装时出现与效果偏离的情况，应反思原因及解决现状，此时较可取的做法是将该步骤撤销重做。必须重做就不可迟疑，避免往后因工作的进展而带来越难修正的情况。修正模型时应顾及整体效果，如果只考虑省时而取巧地局部修整，则可能导致与整体的不协调，甚至往后工作推倒重来的局面。因此，修改时不可太急躁，修正前应推敲问题的所在，如：确定在哪个单位、有多大的范围；组装作业完成到什么程度；修正的适当方法是什么等（表 12、图 13）。

→

武氏大明宫模型 聂小娣 20 岁、卢慧琪 19 岁、李佩佩 19 岁、邓良伟 20 岁、陈天亮 19 岁、蔡宇亮 20 岁

表 8 选择、了解材料的特性

材料特性	面材	线材	可塑材
○柔软 容易加工，适用于制作模型	○发泡苯乙烯板 ○泡棉 ○苯乙烯板 ○苯乙烯纸 ○ WOODLAC PANEL 镜板 ○瓦楞纸 ○硬纸板（展示板、厚纸板、平滑硬纸板、高级白纸硬压板） ○洋纸、和纸 ○木材 A（轻木、软木塞板、合板）	○绳子（棉绳、丝绳、尼龙绳、麻绳） ○轻木棒 ○木棒（圆棒、四角棒、三角棒） ○菩提树加工材 ○铝管 ○竹签 ○塑胶棒（圆形、四角形）	○硅胶 ○油土 ○石蜡 ○纸粘土 ○塑形的硅树脂
●坚硬 作业需使用专门工具，费时	●石膏板 ●木材 B（桧板、三夹板、混凝土板材） ●树脂板（亚克力、氯乙烯、塑胶） ●金属板（铜、铝、不锈钢、铁丝网）	●亚克力棒（圆形、四角形、管状） ●黄铜（棒状、管棒） ●铁丝 ●钢琴线	●无发泡泡棉 ● FRP 树脂 ●石膏

材料名 \ 检查的重点		正面	工作性质	规格・厚度	其他
木材	・轻木 ・硬木薄板（桧木、夹板等） ・台板	木纹	①硬木材可用锯子裁锯，软木材可用美工刀切断，②用砂纸磨光时砂纸最好配合木纹的方向。	厚 1~10mm 厚 1.7mm 以上	较大面的单材容易翘曲或变形，影响工作效率，必须注意。
聚乙烯材	・发泡苯乙烯 ・泡棉 ・苯乙烯板 ・苯乙烯纸	粗面 平滑白面	①材质软体，容易操作。 ②宽阔的面部材背后最好打底，避免翘曲。	从厚板切割出来 厚 1~7mm	不可使用冲淡剂系列的接著剂（应使用苯乙烯糊或木工用黏胶） 具有拔水性，选择涂料时需注意。
板子类	・厚英国图画纸（厚光纸、雪垫） ・金鱼板 ・瓦楞纸板 ・S 板 ・展示板 ・厚纸板	可选择各种颜色与质感。	①厚 0.5~1mm 左右的板子可用美工刀切断，操作容易。 ②宽阔面可一片做成。	B1、B2 A1、A2	包括水性与冲淡剂系黏胶等，几乎所有接著剂都可以使用。 配合壁厚（窗子厚度）决定木板宽度，可提高工作效率。
纸张	・瓦楞纸 ・各种洋纸 ・和纸 ・壁纸	可选择各种质感、颜色、光泽与图案。	①可贴在苯乙烯板与板子的上方。 ②美工刀即可切割。	B1、B2、四六板 用薄板或长尺	张贴地板时可使用纸胶泥、喷胶或双面胶。
树脂材	・氯乙烯板 ・透明胶板 ・薄亚克力板	平滑、硬质 可表现玻璃的面。	①可使用美工刀或 P 刀。②着色时可使用美工刀或画笔等工具。	厚 0.2、0.3、0.5mm… 厚 0.5~1mm	根据面积形状选择适当的厚度。
其他		建筑模型所用材料并无限制，不一定要在文具店买，也可使用废材与其他有趣的材料。			

检测事项 \ 材料名	特性			与材料的相互适应性						修饰面		涂抹方式	
	油水特性	耐水性	耐变色性	苯乙烯	纸板	纸张	树脂	木材	金属	透明	无光泽	有光泽	喷雾式	气压喷雾式
彩色铅笔	油水	○	○		○	○		○		○				
油性马克笔	油	○			○	○	○	○	○	○			○	
水性马克笔	水				○	○		○		○				
彩色墨水	水				○	○		○		○	○			○
水彩颜料	水		○		○	○		○			○			○
亚克力颜料	水	○	○	○	○	○		○			○			
墙壁涂料	水	○	○	○	○	○		○			○	○	○	○
亮漆	油	○	○		○		○	○	○			○	○	○
蜡笔・粉彩笔	油	○	○	○	○	○		○			○	○		

10 | 11
9

图 9 武氏大明宫模型
图 10 用手绘勾画出武氏大明宫模型门窗所需形状
图 11 绘制武氏大明宫模型的栏板

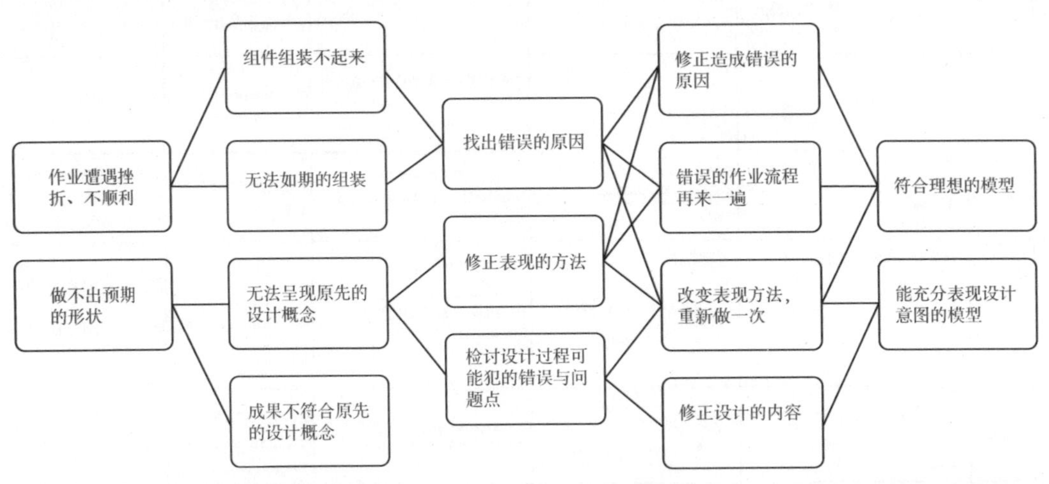

表 12 修正错误的方法

有时，发现空间模型的形态太过复杂，难以预算材料的性质与制作的进度，可以从模型中最为重要的部分进行试做，这样可以思考如何表现，或选用什么材料。避免冒然投入工作，做到一半发现错误，重新再来。建议在制作的过程中，把自身代入模型缩尺的情景和制作适当的点景，从特别的“视平线”检查作为整个模型的参照比例及各个部件的关系，从而进行空间检讨，以防比例上出现不协调。模型中的人物点景帮助理解建筑模型的比例的尺寸和空间的容量，其制作的要点是人体的尺寸和比例，而人物的形象则概括表达即可（图 14-16）。

图 13 用手绘方法修正大明宫模型的门窗位置

14 | 15 | 16

图 14 用人物尺寸衬托廊香教堂
图 15 模型外部的人物
图 16 人物与外墙高度的对比

廊香教堂模型 古志耀 19 岁、刘明朗 19 岁、罗海益 19 岁、冯彬 19 岁、周伟彬 19 岁、庾俊鹏 19 岁

3.1.2 比例尺选择

根据“比例尺”和“模型的规模”，决定制作效率与工作方法，基本上模型的规模与难度成正比。制作建筑空间模型意味着比例尺的大幅度缩小，因此，模型细部制作也应作相应的取舍。如：1:1000 的建筑空间模型很难表现窗子的细部关系，如果一味执着于追求细部的再现，容易顾此失彼，从而容易失去整体的平衡，所以，对模型整体美感的关注应贯穿在制作过程的始终。把周边状况纳入模型的整体制作可直观地表现建筑计划用地的条件，因此，建筑空间模型一般包括主体建筑和外构的状况。这两部分处理程度要相当，假

→

图 18 按 1:60 缩尺的制作"流水别墅"模型

“流水别墅”模型 聂小娣 20 岁、卢慧琪 19 岁、李佩佩 19 岁、邓良伟 20 岁、陈天亮 19 岁、蔡宇亮 20 岁

若把周边环境的范围做得较大，则会造成主体建筑在视觉印象的削弱。为了避免上述情况及便于表达其细节，应对主体建筑采取比外构状况稍大一点的缩尺。制作过程中，如应用线材（铁线等）完成建筑模型时，比例尺上可以无需完全按照实体建筑进行缩小，必要时可对细节实施概括，重在表现线材的性质和符号。计划实施的时间长短、制作场地的空间大小是决定模型缩尺比例的决定因素，当然，模型的缩尺和规模并没有绝对的限制（图 17-18）。

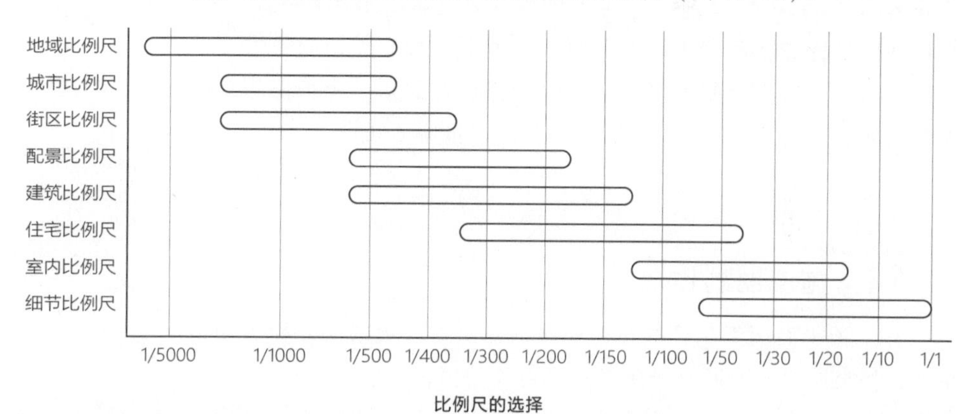

图 17 比例尺的选择

3.1.3 施工计划书

衡量模型优劣的重要指标是模型视觉总体的和谐感和艺术性。在对模型整体形态作出预想后，开始前应设定好日程计划，制定施工计划书，以避免工作堆叠带来模型质量下降的可能。鉴于不同材料和规模的模型制作费时各有差异，因此，模型制作前应对整个流程的时间和进度作出估算，对制作方法和时间分配做好计划，可先从外构部件（如植物、车辆等点景或烘托场景气氛的组件）开始实践。当计划的日程与实际情况不对称时，应变更流程表，使制作进度于计划的轨道上行进。制作日程计划时所需注意的是，应预留较多的弹性空间，以应对与制作计划无关、但难以推脱的状况。

3.1.4 施工图制作

在借鉴平面图纸制作立体的模型时，经常会欠缺制作模型所需信息，图与图之间有时会产生信息不对等的情况，造成误解。因此，在实施制作前，应绘制一套多角度的模型施工图，以检查其设想的内容是否完备。如，模型的外壁面即为模型的基准线，外壁面清晰的设定有利于避免基准线设置的模糊。绘制平面图时是不会意识到这个问题的，因此，容易造成制作立面时的误差。做一张平面全图，即将各楼层的平面图用复写纸整理在同个图面，便于检查各平面的错漏之处。做一张立面全图，即把外壁面画成展开图，同时，标示所用材料的类型和附在外壁面部件的形状和规格，比较容易检查各部件之间的高度和宽度的形状是否正确（图 19）。当做展开图时，要在部材上做记号，与模型制作图对应位置的部件标示出同样的编号，以避免工件繁多所造成的混乱。

图 19 从平面向立面的转换检查

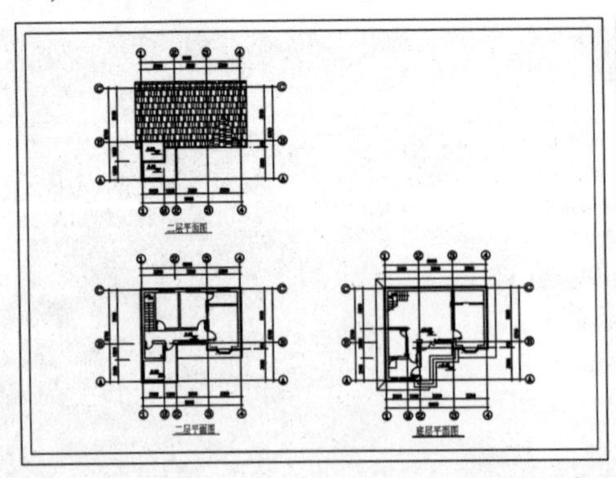

平面全图

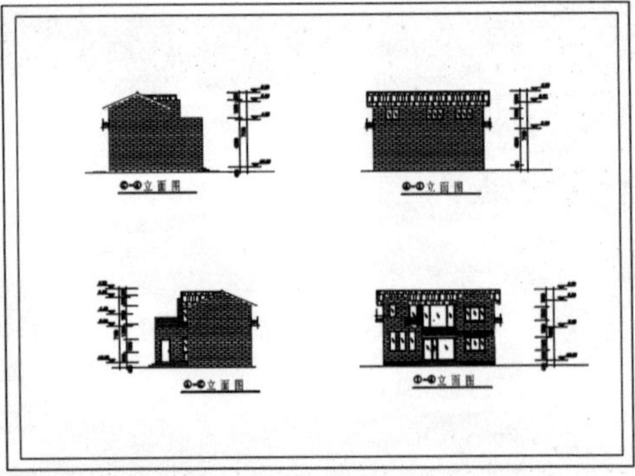

立面全图

3.1.5 各部件组装

组装要有策略，为了避免作业错误而重来，组装前先理清思路，即检查部件的尺寸准确与否、组装顺序的前后、事后产生误差时的解决方法等。组装的基本原则，于组装而言，应以主要结构的骨架部分开始着手，先解决大部件的尺寸和位置关系，建立大体的参照物，再逐步着手小构件的添置予以细节的完善，这能有效避免因顺序颠倒带来制作行为的无效（图 20-21）。如今材料类型的多元性，使模型的制作方法也复杂化，但制作到最后要使效果具有可控性。如，想制造“磨面”，使用适当型号的砂纸、锉刀等修整工具即可；如想制造“光泽”则可涂上亮光漆等漆面材料等。不同的构筑材料，能赋予建筑空间模型不同的表现力（图 22-29）。

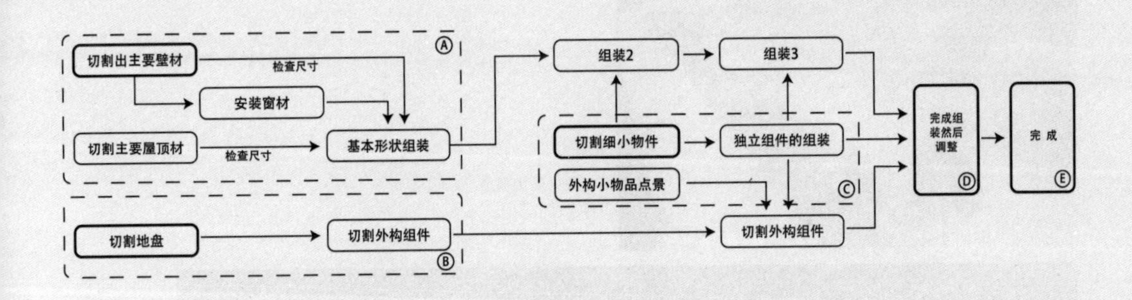

20
21

图 20 切割和组装的基本步骤
图 21 根据平面图对立面进行组装

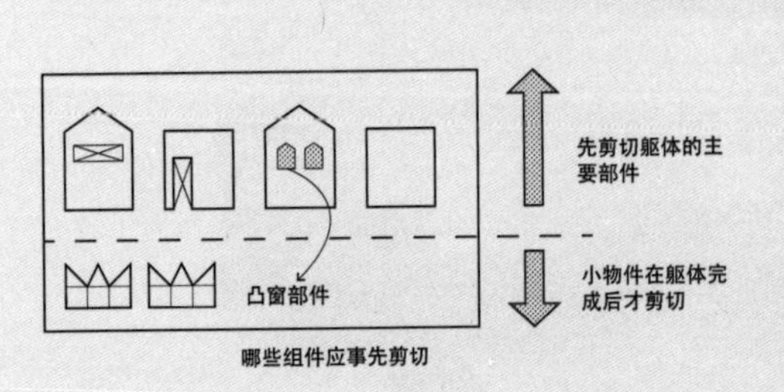

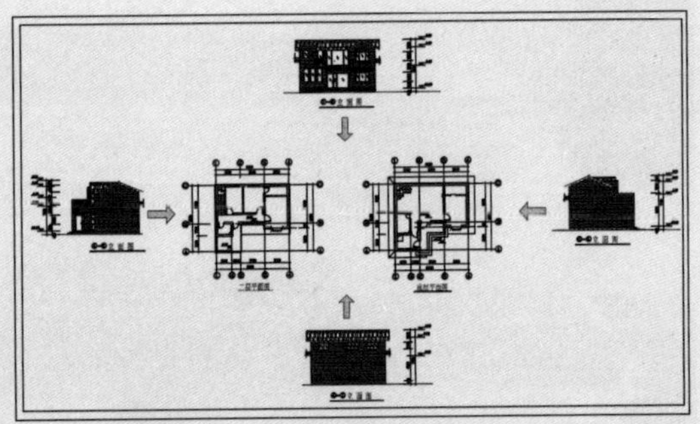

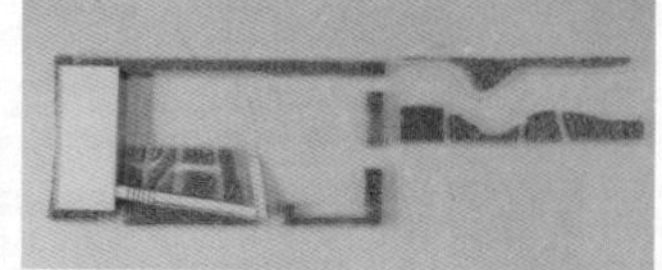

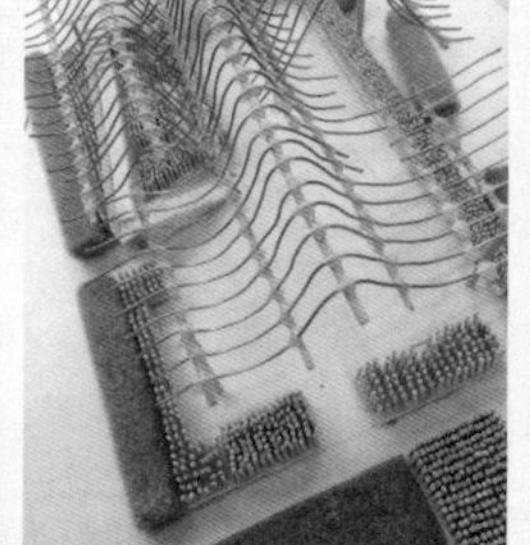

22	23	25
24	26	27
28		

图 22 检查部件的尺寸
图 23 检查底座
图 24 检查主要结构
图 25 检查主要骨架
图 26 先解决大部件的尺寸和位置关系
图 27 建立大体的参照物
图 28 再逐步着手小构件的添置予以细节的完善

米兰中国馆模型 陈风清 21 岁、陈嘉敏 19 岁、何嘉慧 22 岁、钟嘉惠 19 岁、韩月玉 19 岁、妃花 25 岁

图 29 米兰中国馆模型（比例尺 1:300）

第二节 制作方法

3.2.1 主体建筑

3.2.1.1 基座

好模型从扎实的基座开始做起，基座不稳可能导致整个模型倒塌。所以，基座制作必须在实用性上予以重视，即不扎实的基座，容易产生翘曲或变形，会为后续的制作和呈现带来隐患，尤其是对于长期作业和展示用的建筑空间模型。基座的制作范围即为建筑计划用地范围，其中主体建筑选择位于基座的中央位置，周边的交通要道也应纳入设计的范围。基座越大越不容易实施外构作业，若基座太大，就必须考虑分割，以便搬运。在模型制作之前，需规划好基座的规格以及立面结构上的重量，以便于搬运及防止因立面承重过大而造成的模型的歪斜翘曲。同时，为了制作过程的顺利实施，建议把主体建筑制作成可从底座取出的形式，也便于各局部细节的完成。基座上如只承接单一的主体建筑会显突兀，因此，主体建筑外围应制造路面或地形等低矮接面，以交待建筑计划地的立地条件，这样更容易表现模型的真实（图 30-32）。

30 | 31 | 32

图 30 主体建筑选择位于基座的中央位置
图 31 周边的交通要道也应纳入设计的范围
图 32 法国 Estaminet 公共图书馆模型（比例尺 1:400）

法国 Estaminet 公共图书馆模型 林坚城 19 岁、吴蓉泓 19 岁、李泽兵 19 岁、谢瑜 19 岁、邹卓璇 19 岁

基座的制作方法：

（1）简易底座：用于简略型或短期展示的建筑模型，材料可用合板、苯乙烯板、厚纸板等。根据所需牢固程度数片重合粘贴。

（2）无缝贴合基板：用于规模较大、长期展示的建筑模型，材料可用木材角料、合板、浆糊、铁钉等。木材角料切割作承重框，围合用浆糊和铁钉固定的叠加合板，于重物挤压下干透。

为了防止基座因为扎实度不够而产生翘曲或龟裂，在选择上应倾向质地较硬或不因吸潮而产生变质的材料。同时，建议基座下铺苯乙烯板，便于后续制作地下楼层或植入树木等细节部件。积层的基座会造成侧面的参差，需用锉刀修整后以油灰填充至平整，在涂漆完毕后用胶布封口，最后贴上木板、苯乙烯等平板。对于长期展示的建筑模型，建议用透明材质围合予以覆盖，加盖可防止灰尘和毁损，因此，在制作基座之初就应考虑覆盖箱的尺寸和材质（图33）。

图 33 用透明材质围合覆盖的建筑模型

3.2.1.2 外墙

实物建筑外墙可以用颜色和材质来做最后修饰，但模型是缩尺产品，不能使用真正的材料，有时，只靠形态与窗子无法完全呈现建筑的意境，表现建筑的气势与质感。所以，于建筑空间模型最终的效果而言，外墙的色彩关系和材料质感决定模型的精致度（图34）。

图 34 外墙的色彩关系和材料质感决定模型的精致度

光之教堂模型 黄舒遥 19 岁、陈航 19 岁、陈昊 19 岁、冯永祥 19 岁

外墙的比例和接缝的表现可以增加建筑模型的气势和真实感（图35）。所以，制作时，重点检查接缝线是否太粗太浓，应作出整体的构想决定接缝线的浓淡与粗细。由于视觉的差异，在使用相同浓度的纵横线表现立面接缝的条件下，纵线会回馈给视觉较粗的错觉。有些外墙是曲面，很难表现，但用于模型的大部分材料都是平板，这就需要将平板材料加工处理做成曲面。若外墙是必须进行雕刻的形态，则先做个像盒子的主体结构，然后慢慢做出形状，在上面贴修饰用的材料。对于具有程式化图案的建筑外墙质感和材料的表现，

可考虑使用透明坐标纸等产品，将其黏贴，然后采用手绘方式进行细致描画，表现外墙效果（图 36）。用于墙面装饰的材料很多，相同材料也可以用不同的表现方法，如粗面、磨面等，还能表现不同的光泽效果，以暗合建筑主题和形态的表现。运用素材面呈现外墙粗糙的感觉时，一般的做法是利用涂漆进行调整，非吸湿性的材料可通过表面涂刷透明漆或亮光漆，增强其细腻度和光泽度（图 37）。

36
35 | 38 | 37

图 35 外墙的比例和接缝的表现可以增加建筑模型的气势和真实感

图 36 先做个像箱子再贴图案来表现外墙的效果

图 37 利用涂漆增强外墙的细腻度和光泽度

图 38 外墙的色彩关系和材料质感决定模型的精致度，外墙的质感应为整体形态服务

帆船酒店模型 楊锦源 19 岁、周延彦 19 岁、叶浩初 19 岁、张仝 19 岁、朱志敏 19 岁

建筑空间模型是实体建筑在比例尺上进行一定程度缩小的产物，因此模型上对某些细节进行真实地再现反而形成负面的视效。如，外墙的瓷砖与石板的接缝处根据实物缩尺形成的密集经纬线反而使整体效果变得暗淡，因此，应概括其质感使观者认知其元素即可。模型表现的是建筑形态，不必太刻意表现质感，有时太过表现外墙的质感，可能会像玩具感觉，反而无法呈现原本的形态。建筑形态的表现才是体现艺术性的原则，即外墙的质感应为整体形态服务（图 38）。

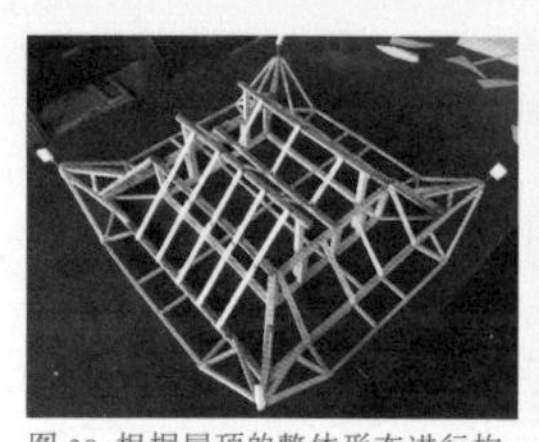

图 39 根据屋顶的整体形态进行构思，开始制作屋顶的骨架

图 40 明确屋顶的制作方向后而制作的瓦面

图 41 对屋顶细节进行提炼，使模型得以整体呈现

3.2.1.3 屋顶

屋顶的制作是否仅提炼其整体形状，或是否一同表现其细节，会影响其后续的使用材料、制作方法和最终效果。因此，在制作屋顶之前，应根据屋顶的整体形态进行构思，明确屋顶的制作方向（图 39-40）。假若 100% 地根据建筑实物的缩尺进行屋顶细节的再现，虽然局部看上去逼真，但难免过于琐碎而难以维持模型整体形态的平衡。因此，应对屋顶细节进行提炼和符号化，使模型的整体气氛和素材特征得以呈现（图 41）。有时，屋顶使用的材质和色泽与墙壁相同，但人的视觉上会产生色相的差异，即屋顶会比墙壁更显明亮。因此，在制作模型时适用的公式是：屋顶颜色的明亮度 = 墙壁颜色的明亮度 x1/2，使屋顶在视觉上呈现与墙壁相同的明亮度。

3.2.1.4 门窗

建筑模型中的门和窗并非如实地按照实体建筑的缩尺进行墙壁的简单镂空表达，而是为了达到建筑整体的和谐而对其表现方式进行必要的程式化和简略化的处理。墙壁的围合意味着房屋内部形成暗箱，此时应考虑门窗在建筑空间模型中发挥的作用，如果意在表达门窗和墙壁的关系，则表现门窗的轮廓即可。有些现代建筑模型，

图 42 安装光源体以渲染门窗部分的凹凸空间感

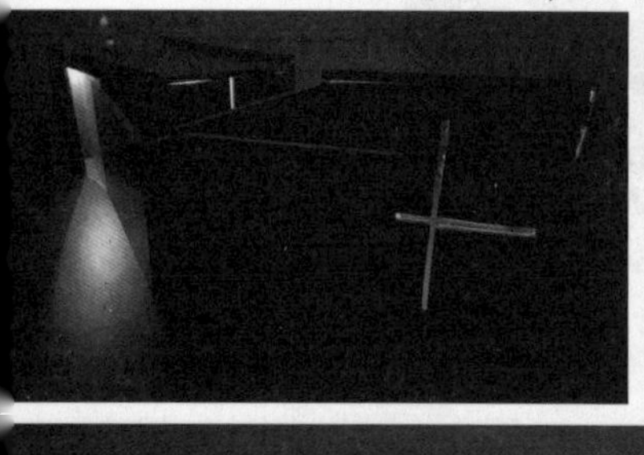

想在墙壁上表现门窗，反而容易让模型的整体轮廓模糊，不妨做成一整块形态，用手绘方法表现楼数，能有效地利用素材的形态与性质。如果意在表现室内的空间细节，则需对门窗进行比例放大，或在内部空间安装光源体以渲染建筑内部的光线环境。如果表现门窗部分的凹凸空间感，想要不更变墙壁和门窗的材料，即可通过光线的投射，用阴影效果表现类似凹凸门窗的视觉感受（图 42）。

表现门窗部分的材料越简单越好。有时用色纸或透明坐标纸张贴，可表示模型中窗口的比例与位置。关于建筑模型中玻璃材质窗口的表现，在材料的选择上，如若能找到类似玻璃质感的薄型塑胶，则为了方便作业可用以替代真正的玻璃；在窗框的表现上，需考虑是否切割部件以安装窗框，或是否仅以画线替代即可（图 43）。窗框的表现使建筑模型的真实感得以增强，但其部件尺寸细小，应注意组装方法。在采光窗和天窗的处理上，如果所表现模型的精致度要求较高或需一同表现室内空间效果，其材质的选择应以透明材料优先。否则，使用其他材料表现其形态即可。

表现门窗的材料和方法很多，但没有绝对的法则，应根据表现的主题和门窗细节，采用不同的制作材料和制作方法，重点在于表现形式的创意。建议优先选择易得到、易操作的材料，以提高制作的效率。

图 43 以画线代替制作门窗

3.2.1.5 室内

什么是室内空间？室内空间是建筑模型的外部材料所围合而成的内部体面，包括地板、墙壁、天花板及室内装饰所构成的空间。由于内部空间的展现会使工作难度和时间耗费倍增，因此，应事先明确内观呈现与否的方向。另外，如需呈现内观，则所展示内部空间的位置选择、细小部件组装的注意方法和所需呼应的建筑主题、装饰要素等都需要事先进行思路的整理。作为检讨内部空间的内观模型，其内饰难以变更和追加，从而要求组件容易拆卸和组装，因此内部物件，如：地板、墙壁、天花板等最好是采取组装的方式，

图 44 依据实物比例制作家具是可体现内部空间的体量

以便于检讨和修改。制作地板、墙壁可利用平面图复制，提高工作效率。

根据室内空间的体量进行恰当的摆设家具能有效地烘托室内整体气氛和检讨细部制作。家具是依据实物比例进行整体规模缩尺的具象化，要在内部的空间置入简单块状家具，可体现内部空间的体量（图 44）。按照实物缩尺制作微型家具时应注意选择容易操作的材料，尽量地简化琐碎细节和置换复杂形状，表现所想保留的家具，增强模型内部空间的设计趣味。家具的配置应符合检讨内部空间和呼应建筑主题的目的，因此，在制作之前应考虑内部空间是否有摆设家具的必要，以及微型家具的设计和制作方法。家具模型的缩尺精确度一般无需过分要求严谨，仅以表现经过提炼的家具特征反而避免失误的产生和进度的延误。当然，要求高度精致的模型就另当别论。

45 | 46 | 47

图 45 概括制作电梯
图 46 概括制作楼梯
图 47 概括制作旋转楼梯

3.2.1.6 组件

组件即使是很小的单位，但在整体表现上也很重要。小单位组件在制作过程中，难免会遇到平面图易于表现而落实到立体实物反而难以制作的局面，此时应概括其特征和抽象其要素进行再创作。如，扶手虽属于小单位组件，但对于建筑立面设计影响很大，所以，表达扶手需呈现其纤细的形状和明确的轮廓，组织的材料和制作的方法都需要细心处理。楼梯模型制作所涉及的组件尺寸小且数量多，因此，制作前应检查好组件的尺寸、规划好安装的顺序及设定好失误时的解决方案，随时准备调整组件的尺寸和制作的方法。对于难以表现的细小物件，在不偏离表现主旨的前提下，可制造程式化的结构、颜色、光泽等元素将其概括（图45-47）。在复制质感、形状和模式相同的小组件时，应在材料的选择和尺寸的确定及安装的方法要规整统一。小组件耗时较少，但因为手工裁切难免出现失误以致尺寸偏差或部件毁损，且相对容易丢失，因此，建议在制作过程中，要有超过二成的备份，以便随时可以替换，避免由于缺失小组件而影响制作进度。

3.2.2 外构部件

一般的制作程序是主体建筑制作完成之后才进行外构制作，这样剩下的时间就不多，相对比较紧迫，但该阶段的实施意味着计划内容已大部分转化成现实，计划内容的逐步清晰将能有效地推动外构部件作业的顺利进展。此时，更应明确该阶段的制作材料、组件尺寸、表现重点、工作难点及安装顺序，以提高制作的效率。外构部件要与主体建筑使用相同比例尺制作，在处理外构的细部时，必须考虑与整体的配合及周围气氛的渲染，如果模型外构做得太小，容易做得像庭院式盆景的感觉（图48）。

图48 我的“图书馆”设计
我的“图书馆”模型
林良吉19岁、王田庆19岁、袁家聪19岁、梁颖艺19岁、李旖旎19岁

外构组件与主体建筑的比例关系可直观体现建筑空间模型的整体规模和形态，在颜色和体量上都要与主体建筑形成宾主关系。即外构物件与主体建筑对比的色彩程度需适当减弱，而且在体量上过于琐碎的部分可抽象成符号。同时，建议以大面积的外构部件的色彩关系作为其他小部件配色的参考标准（图49）。

图49 我的“城堡”设计
我的“城堡”模型
吴昌银19岁、庄伟雄19岁、庄佳威19岁、严国栋19岁、游学梓19岁

图 50 地形制作

史密斯别墅模型（比例尺 1:300）

翁惠康 21 岁、吕季霖 21 岁、王翔龙 21 岁

3.2.2.1 地形

地形的制作可体现建筑模型的立地条件，交待主体建筑的外围环境，所以，其制作的精准程度会影响到主体建筑的整体视觉。关于地形高低错落的表现，可借助等高线图来制作，事先根据平面图影印适当的比例尺等高线进行材料剪切，做法是从最外围的闭合线开始切割，再渐次向里裁切和垒叠粘贴，即可有效地呈现出地形的水平高低差。有时，由于地形等高线的区间数据差别太大，会使主体建筑产生倾斜的视觉错觉，这时可适当地缩小地形的高低差，会使主体建筑在视觉上感觉更“平稳”些（图 50）。

3.2.2.2 **街区**

制作街区的目的是表现主体建筑立地周边的选址环境，如街道的动态和商业的氛围。制作前应明确制作的方法和需使用的材料、制作的深入程度等。如果是表现大范围的街区，首先要将街区细分，将表现区域的要素符号化，如，运用不同的颜色、不同的色彩浓度表现不同的区域，逐步完成大范围街区的修饰与整理。在制作街区的模型之前，建议实地勘察且把搜集的街区俯瞰图等相关资料转化成街道模型的平面图。街区模型的制作重点应表现街道的环境氛围，无需落实到实地所呈现的每一个细节。在比例尺的选择上，1/50~1/100 的街区模型：街区内房屋表现的注意力放在屋顶，而屋体简化成具有凹凸感的方块；1/200~1/300 街区模型：应适当表现街区内特征较强、体量较大的建筑，街区整体粗略；1/500/1:1000 街区模型：应掌握街区的状况，把街区内的建筑大范围地概括成形。在制作街区内相同层数的建筑物时，由于层高不同以致楼高也发生区别，可以刻意处理成高低错落的形式，更显街区的真实生动（图 51）。

图 51 房屋高低错落的形式更显街区的真实生动

3.2.2.3 **路面**

路面表现主体建筑的规模，所以，应与主体建筑配合才能体现它的价值。制作路面阶段一般已进入模型制作的尾声，容易马虎，这时仍需保持专注且把注意力放在路面与建筑物在色彩对比和构成关系的和谐感上。路面制作往往容易缺乏表情，如，在处理广场或路面的模型时，若只进行大面积涂色会使视觉显单调，且无法烘托主体建筑的主题氛围。因此，修饰时可借助细描、涂描、张贴和影印等方式进行综合表现。路面制作容易做得太弱，需要根据模型的计划内容适当地调整路面的缩尺比例，同时，应符合在内容上求真、求实，在形式上求美的原则。（图 52）。

图 52 路面制作

3.2.2.4 水面

图 53 用水纹纸表现水面的质感

水面处理，假若实际操作中只通过单一颜色与其他物件作为定义和质感的区别会带来僵化的视效，因此在呈现水的状态时可从颜色的色相、纯度和明度等要素中加以思考与运用。另外，水应根据主体建筑模型的色彩情况进行配色，即素色的主体建筑模型应搭配淡灰色或淡蓝色的水予以协调。同时，水也应根据最终展演的实际用途进行配色，即如需使用黑白照片作为展演方式，则应将水配以深色的色相或以明度渐变的方式呈现水面的效果。

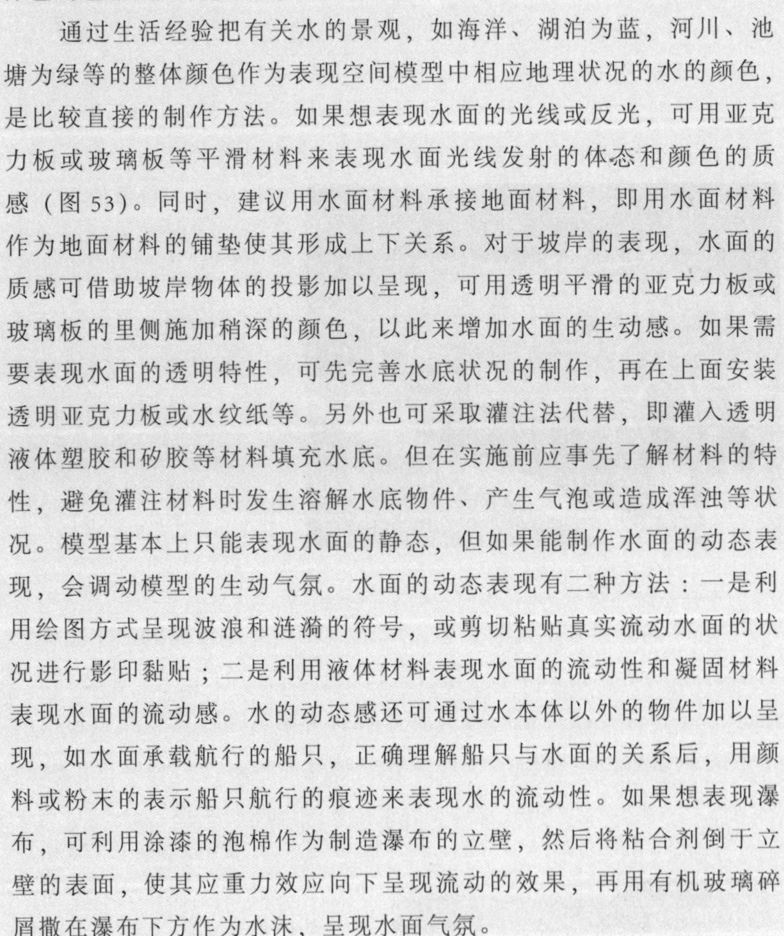

通过生活经验把有关水的景观，如海洋、湖泊为蓝，河川、池塘为绿等的整体颜色作为表现空间模型中相应地理状况的水的颜色，是比较直接的制作方法。如果想表现水面的光线或反光，可用亚克力板或玻璃板等平滑材料来表现水面光线发射的体态和颜色的质感（图 53）。同时，建议用水面材料承接地面材料，即用水面材料作为地面材料的铺垫使其形成上下关系。对于坡岸的表现，水面的质感可借助坡岸物体的投影加以呈现，可用透明平滑的亚克力板或玻璃板的里侧施加稍深的颜色，以此来增加水面的生动感。如果需要表现水面的透明特性，可先完善水底状况的制作，再在上面安装透明亚克力板或水纹纸等。另外也可采取灌注法代替，即灌入透明液体塑胶和矽胶等材料填充水底。但在实施前应事先了解材料的特性，避免灌注材料时发生溶解水底物件、产生气泡或造成浑浊等状况。模型基本上只能表现水面的静态，但如果能制作水面的动态表现，会调动模型的生动气氛。水面的动态表现有二种方法：一是利用绘图方式呈现波浪和涟漪的符号，或剪切粘贴真实流动水面的状况进行影印黏贴；二是利用液体材料表现水面的流动性和凝固材料表现水面的流动感。水的动态感还可通过水本体以外的物件加以呈现，如水面承载航行的船只，正确理解船只与水面的关系后，用颜料或粉末的表示船只航行的痕迹来表现水的流动性。如果想表现瀑布，可利用涂漆的泡棉作为制造瀑布的立壁，然后将粘合剂倒于立壁的表面，使其应重力效应向下呈现流动的效果，再用有机玻璃碎屑撒在瀑布下方作为水沫，呈现水面气氛。

3.2.2.5 点景

点景添置的目的是形象地呼应主体建筑的表现主题、规模和立地环境，增添模型的趣味性、可观性和生动感，所以，要充分发挥创意。虽然点景的物体没有固定的尺寸、形状和特征的要求，但在整体上应与主体建筑在比例尺的视觉效果上，能起到暗示模型的整体规模的作用，即在客观因素的范围内操作，达成范围内的平衡（图54）。

点景植物的制作无论是计划初期制作的检讨用模型（块状模型或是概念模型）还是后期制作的展演用模型，都可作简略化处理，重点表现其材料质感和视觉印象（图55）。

车子、飞机等交通工具能很好地体现主体建筑的规模，所以，点景可适当地置入交通元素，如车辆、车道、停车场、人行道和交通灯等，以增添建筑空间模型的生活气息，其中，车辆的配置能有效增强模型的动态感（图56）。停车场、车道等行车面积可用以下方式表现：S=1/1000~1/2000时只表现路面；S=1/100~1/300时要画线表示路面的宽窄度。点景人物能点缀主体建筑模型的场景气氛，辅助说明主体建筑的内容和概念，有效地对比建筑空间模型的规模，其位置的放置应注意运用于暗示模型的动线、渲染环境的气氛、平衡画面的空白，所以，其尺寸也应迎合主体建筑的缩尺。

图54 四合院内点景

四合院模型 关卓诗19岁、李家宜19岁、林康娣19岁、郑朗婷19岁、黄敏玲19岁

点景人物虽然为模型中最小缩尺的组件，但在素材的组合和制作方法上都应仔细为之，尽可能地设想让自己立于模型的一角，让观者一目了然地读懂你的设计意图（图57）。

56 | 55 / 57

图55 植物点景
图56 汽车点景
图57 人物点景

Eighteen Course cases
课例十八篇

Cultural Symbol of Chinese Architecture
中国建筑文化符号

壹、斗 拱

一、教学目的

了解中国古代建筑斗拱的二重性（即结构性和装饰性）、在各个历史时期产生的变化、以及所体现的不同时期人们审美趣味的转化。特别是在近现代，斗拱虽然有“虚假”“冒充”之嫌，但还是存在着承重和装饰的作用，是置于装饰而隐于结构之中的。课程让学生了解斗拱的“不为装饰”的装饰之道，认识中国传统建筑文化。

二、教学步骤

1. 审美导入

(1) 概述中国建筑

建筑像一面镜子，是政治、经济、历史、人文、社会等的反映，是特定历史时期人们视觉审美活生生的直接流露，是最为直接的文化内涵。秦汉时期的建筑规模空前，这与它的大一统有关，奠定了中国装饰美学的基础；唐朝盛世建筑造型雄大、飘逸，是中国建筑史上的高峰；宋朝是封建经济繁荣的时代，在建筑著作上有了李明仲的《营造法式》，建立了自已的建筑体制；清代为封建时代的末期，有“回光返照”的现象，是中国建筑史上的又一次高峰，出现了《清式营造则例》。在近现代，出现了像南京中山陵、广州中山纪念堂等这样运用西洋材料与中国传统建筑形式相结合的现代建筑。

中国民族建筑以独特的建筑形制与均衡灵巧的结构而赢得魁伟与壮丽。造型的质朴形成特有的审美特性，装饰与结构上的有机结合，是结构又是装饰，是装饰又是结构，所体现的特殊效果是世界其他建筑体系无法比拟的。如林徽因所说的：“若以今日西洋建筑学和美学的眼光来观察中国建筑本身之所以如是，和其结构历来所本的原则，及其所取的途径，则这系统建筑的内容，的确是最经得起严酷的分析而无所惭愧的。”

(2) 斗拱的由来

斗拱，即作为结构又作为装饰的建筑构件，在中国建筑史中，它贯穿了整个中国建筑变化的历程，具有关键的作用。斗拱演变成为建筑装饰的文化符号的建筑构件，它们继承古建文脉，创造出民族特色建筑，同时具有时代特色。它在结构上不但具有力学行为，而且具有建筑装饰的双重作用。何为斗拱？斗拱谓“椽出为檐，檐承于檐桁上，为求檐伸出深远，故用重叠的曲木翘向外支出，以承挑檐桁。为求减少桁与翘相交处的剪力，故在翘头加横的曲木拱。在拱之两端或拱与翘相交处，用斗形木块斗垫托于上下两层拱或翘之间。这多数曲木与斗形木块结合在一起，用以支撑伸出的檐者，谓之斗拱”。斗拱是屋顶与立柱之间过渡的部分，是横展结构与立柱间的衔接关节，将屋顶的重量集中到柱子的上面，处在这特定位置的斗拱，在屋檐阴影的笼罩下而产生了错落纷繁的光影，空间上若虚若实，造型上像一朵朵盛开的花朵，产生了既为结构又为装饰的强烈效果，给人以最大限度的联想。

(3) 斗拱的演化

斗拱的理念在夏、商、周时期已经出现，但尚未有出挑的做法。汉代是斗拱发展的开始，主要体现在柱身直接悬挑而出，称为插拱，又称丁头拱。汉代斗拱的尺度硕大，结构上十分突出，外挑深远，最外一根桁木的挑出全靠斗拱承托。汉代斗拱造型概括、简单，拱或平或曲，有的把拱刻成动物或人形，富有艺术创造性。

隋唐是斗拱结构上发展的重要时期。斗拱起着直接的承重作用，在挑檐上，已经有四挑和计心造的做法，且多为重拱。“斗拱雄大，出檐深远。”布局疏朗，体现了结构美。斗拱配合整座建筑体现了泱泱大国的风范,是物质与精神相结合得最得体的阶段,是“迁想妙得”的升华过程，可谓“形神兼备”“文质彬彬”。

宋代的斗拱发展到形制丰富和结构严谨时期，出现了以“材”来权衡建筑规模的制度。《营造法式》将斗拱分为“斗”“拱”“昂”“枋”四大项,“斗”为方形,“拱”为船形,“拱”或“枋”互相叠加,用“斗”垫其中间。全朵斗拱的重力最后集中在与立柱相接的“栌斗”上,“栌斗”是最大的斗，承载着屋顶的全部重力。

明清以后，由于木结构框架功能的提高，墙体材料大量使用砖和石灰，抗雨水能力增强，从而使承托屋檐伸出的斗拱作用大为削弱，“沦为”装饰构件。斗拱密密麻麻地排列成了装饰，攒数由宋代的每开间中的一朵至两朵，变化为四攒、六攒乃至八攒，构成排列的图案，强调动感、节奏感以及前后空间虚实的关系；造型上追求和谐、秀丽，加上绚丽色彩的彩绘，追求强烈、浓艳奇巧的艺术表现效果。

从宋代开始，斗拱由唐代雄大、硕壮、疏朗、豪放的风格逐步向明清纤小、细柔的方向发展。到了清代，人们注重的是它的装饰性，补间铺作增多，形象越来越复杂。随着工艺的发展更强调其凹凸错综复杂的起伏进退，更富有装饰之道。斗拱在各个朝代的变化，体现了建筑技术上的发展和人们审美趣味的变化（图 1-6）。

1	4
2	5
3	6

图 1 陕西岐山县周公庙斗拱
图 2 丁村民居牌坊斗拱
图 3 陕西三原县城隍庙斗拱
图 4 沈阳故宫斗拱
图 5 沈阳故宫斗拱
图 6 沈阳故宫斗拱

(4) 近现代斗拱的特点

近现代斗拱多数从装饰美上着想，斗拱纤小，出挑减短，总高降低。斗拱虽然在结构上失去作用，但装饰性则大为加强，成为中国建筑的文化符号。如果中国传统建筑没有斗拱，就像一个人只有头部和身躯，而没有眼睛、鼻子、嘴巴一样，整座建筑仿佛缺少了灵气，十巴巴的像个木偶。

不同时代、不同国界、不同种族、不同气质的人，所塑造的形上有很大的差别。在现实生活中，我们可以在远处根据人的外形判断出我们熟悉的人。一位艺术家的寥寥几笔速写，我们就可以猜定是出自哪一位之手。这就是我们用斗拱演变的历史来推断建筑物时代的原因，也是中国传统建筑与其他建筑的区别。

清代重修的广州光孝寺大雄宝殿的斗拱与其他建筑构件的区别就是在侧面插一假昂，增加形式美，没有结构上的作用，给原来单调的斗拱赋予艺术内涵。安了假昂（插昂）的斗拱像一朵盛开的花朵，产生跳跃和向上游动的感觉，在空间上增加了密度，层层叠叠侧昂斗拱，有如人体的脊柱，领悟美感尽在斗拱的造型之中，给人以无限的联想。1926 年吕彦直先生设计的广州中山纪念堂，运用西洋建筑材料建造集中式大空间建筑。四出抱厦重檐歇山顶都以斗拱作为装饰，这些水泥结构的斗拱被安排得密密麻麻，彩色庄重、富贵，所起的作用就如同一个人系上一条合身的腰带一样，精神焕发，艺术气氛倍增。

20 世纪 90 年代，华南理工大学的邓其生教授，设计了广东肇庆披云楼和封开的广信塔（仿汉），斗拱在这里自然地表现，成为中华民族传统建筑的装饰符号，增加了建筑的主题和精神面貌，突出

7 | 8

图 7 广东肇庆披云楼
图 8 广东封开仿汉塔

了其个性（图 7-8）。结构和装饰巧妙地相结合是中国建筑的艺术特色，结构与装饰互相影响，互相限制。斗拱的装饰是为了创造环境和美化空间，让视觉在空间上和谐统一。斗拱以其特殊的身份经历了中国上下五千年，体现了中华建筑文化内涵，对体现当代中国建筑的结构与装饰如何结合，继承中华建筑文化，具有重要的意义。

2. 临摹 + 创作 = 草图

A. 学生在充分理解的基础上才能自如地再创造，从直接临摹入手，通过一笔一画仔细“解构”，帮助对空间设计的理解。

B. 设计草图是进行思考、幻想的重要媒介，暗藏对模型制作过程中所产生问题的解答，要求学生以严谨的态度，开放思维，把制作立体造型的想法投入其中，每人设计两个作品方案。

C. 参照老师提供的图片，用圆珠笔在白卡纸上画一至两个方案，给老师点评和挑选，然后写课堂总结（图 9-14）。

9	10	11
12	13	14

图 9 作品（涂智超 12 岁）
图 10 作品（黎子祺 14 岁）
图 11 作品（刘若尘 12 岁）
图 12 作品（曹雨恒 13 岁）
图 13 作品（赵梓吟 13 岁）
图 14 作品（余德智 13 岁）

3. 斗拱模型制作过程

牌楼组：罗志广 19 岁、廖志方 19 岁、伊妙妍 19 岁、周诗语 19 岁、郑晓琪 19 岁

1、我们组做的是牌楼，但斗拱是牌楼的重要构件，斗拱做得好就等于我们把牌楼的难题解决了。所以，我们在制作准备阶段就斗拱的制作问题进行了讨论，决定把模型的制作方向定为“简化结构”和“精致制作”。同时，商议确定了其缩尺和绘制整体的平面图、立面图及构件的局部结构图的工作分配。

2、大方向落实以后，组员们搜集各构件的详细数据，整理出一个相对简单的样式。首先是选取可塑性与表现性较强的木质材料来做斗拱，然后将材料进行分类，哪些作为骨架，哪些作为装饰。模型制作从底座做起，从下到上，从里到外，从基础到装饰，步步为营，以精致为目标。从底座做起，要做得稳妥，以便能撑起其他部件（图 15）。

3、底座制作部分最终接受了老师的建议，把底座的比例缩小以迎合与牌楼主体相应的比例关系。我们粘接各部件用的电热胶枪和胶条。胶枪要插电后 5 分钟等胶枪发热才能把胶条融化使用。我们焊接每一个部件都费神费力，平心聚气，集中精神，焊接之后还要细心检查是否焊接得牢固。

4、随后斗拱的制作成为问题，考虑到斗拱的精致度会直接影响到模型的整体效果，最初从斗拱分解图的搜集、排除用泡沫材料制作，到用手工雕刻木材，我们都尽量在细节中还原真实。制作斗拱装饰部件要比较精致，使其与其它部分形成粗细对比，最终制作九个斗拱足足花费了三天的时间（图 16-20）。

5、斗拱制作完成后，我们进入到屋顶的制作阶段，虽然屋顶是最稳定的三角形的形式，但我们仍分别在屋顶的构造中添置了骨架，以增加主体的牢固程度。制作骨架部分要用比较粗的材料，同时要思考每一块材料如何运用，使其与作品的其他部分协调（图 21-22）。

图 15 底座根据平面图制作
图 16 斗拱制作 1
图 17 斗拱制作 2
图 18 斗拱制作 3
图 19 斗拱制作 4
图 20 将斗拱至于横梁之上
图 21 制作屋顶的骨架
图 22 屋顶的雏形已完成

6、我们在处理瓦片时，根据屋顶的形状用原木色泽雪糕棒来切割，取代现成市售的瓦片模型，以增加手工痕迹和质感。飞檐也从木料雕刻的方式取代用雪糕棒叠加的办法（图 23）。

7、牌楼周边进行点景，把原来设计的古村道改为绿化广场，增添了模型场景的真实感和趣味性（图 24）。在推倒重来的过程中同学们得到了观念的更新和提炼，制作进度没有停滞反而得到了加快。这次收获的是团队合作的经历和相互信任的体验，比起孩童时期的积木堆砌来得规范和严谨，但却没有丢失原有的快乐。

8、已完成的作品欣赏（图 25-27）。

24 | 25 | 23
26

图 23 用木料制作屋顶飞檐
图 24 制作周边的树木绿化
图 25 模型鸟瞰图
图 26 模型仰视图

三、课例总结

1. 斗拱对中学生来说比较新鲜，使他们了解中国传统建筑艺术，提高一定的审美水平。

2. 本课不是纸上谈兵的抽象教学，而是实操性的训练，是智商和情商的锻炼。

3. 本课根据斗拱的结构性和装饰性给学生的设计方案以启发。

4. 模型施工工艺的复杂性让学生学到了不少技术。

5. 非专业建筑模型，使斗拱意象融于当代艺术设计之中。

图 27 模型正立面

贰、牌楼

一、教学目的

本节课从门过渡到牌楼的分析，让同学们了解牌楼的产生、种类、形式、装饰、功能以及发展历程。在改革开放的今天，中国古老的牌楼像以往一样具有标志性和纪念性，还增加了一种历史象征性的作用，是历史名城中不可缺少的、具有代表性的传统建筑文化元素之一。介绍牌楼建筑构造与设计制作中要遵循的规范、形式与装饰特点，使学生对传统建筑文化产生浓厚的兴趣，更深一层认识牌楼这一类建筑的形式。

二、教学步骤

1. 专业导入

中国建筑与世界其他建筑相比，有其独特外观、造型美丽的一面，更表现在它空间组合上所呈现的空间层次设计。一座宫殿、一组寺院或者坛庙，甚至大型的住宅，我们都可以看到在建筑群的最外面常常竖立着牌楼，它往往安置在一组建筑群的最前面，或者立在一座城市的市中心，又或者是在通衢大道的两头等十分显著的位置上，使得牌楼最先进入人们的视线。就是在乡村的乡道前方或是大户人家的门楼外也有很多形形色色的牌楼。所以，我们一般把牌楼当作一种标志性的建筑，它在城市和建筑群中起到划分和控制空间的作用，增添了建筑群体的内在艺术感染力（图 1-2)。

1 | 2

图 1 江苏无锡某清代石牌坊
图 2 1988 年重修的清代广东潮州“昌黎旧治”石牌坊

门是建筑的重要节点，起到联合和通行的作用，一般安置在建筑物的中轴线上，是建筑空间关系的分隔，是建筑形式与功能、形式与意义、形式与位置的综合体。最初的门是由两根竖柱和一条横木枋组成。门的最早记载是在西汉时期，当时通用的门是双扇板门和单扇板门，板门上有门楣（上槛），下有门限（下槛）。根据《营造法式》记载，宋代的门有板门、乌头门、软门及格门四种。乌头门又名棂星门，它的做法只立两根挟门柱，“柱入栽入地内，上施乌头”，不用屋盖，在两柱之间装两扇“下有障水板、上有成偶数”的棂条的门（图 3-4）。软门是四边做框，用双腰串或用单腰串在四边框与腰串之间装木板的门，它比板门灵巧（图 5）。清代门式多种多样，这一时期的板门主要用于宫殿、寺庙及民居中的大门。门的外围称为槛框，根据其所处位置的不同，各部件有各自的称谓，如两柱之间紧贴地面的横石称为下槛（宋称地木伏，俗称门限、地脚枋）；上接檐枋或金枋的横石称上槛（宋称额枋）；水平安于槛墙上的石板叫榻板；在榻板上面的横石叫风槛（宋称腰串）、竖立的石柱叫抱框（宋称为木专柱或立颊）。上下槛与抱框组成了门框，门框之间形成的空档，就是门的部位（图 6）。

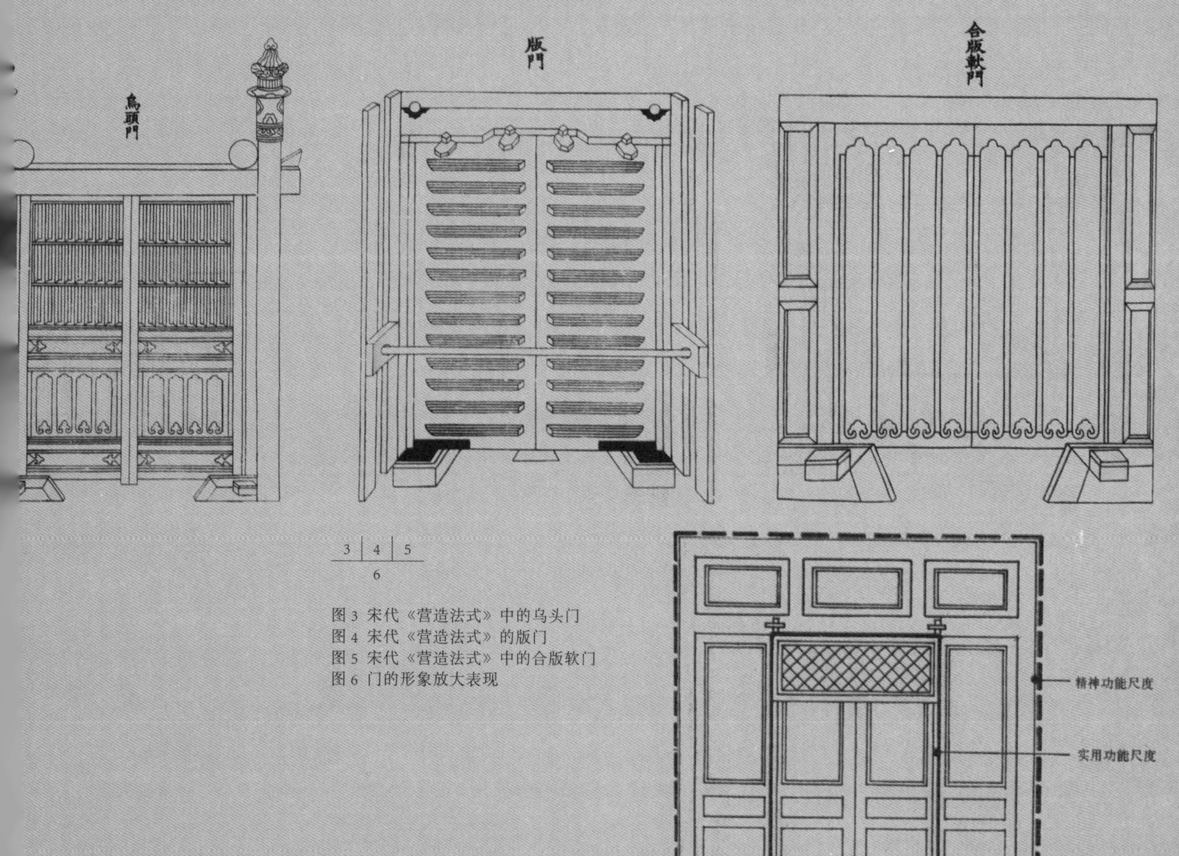

3 | 4 | 5
6

图 3 宋代《营造法式》中的乌头门
图 4 宋代《营造法式》的版门
图 5 宋代《营造法式》中的合版软门
图 6 门的形象放大表现

在《营造法式》和《清式营造则例》中对门框尺寸均有规定，前者以门高作为准绳，后者则以靠柱子（抱框）的直径的大小而定。《营造法式》中有“造板门之制，高七尺至二丈四尺，广与高方……如减广者不得过五分之一。”说明门的宽度一般都小于门的高度，这是因为门框开间过大不易安置门板，并且在美感方面显得笨重。中国古代有俗话说“门宽二尺八,死活一起搭”，意思是根据棺木的尺寸来定门的尺寸。由于门的尺寸不是很大，如果仅限于实用的需要，它的外观形象就不够有气势，所以富裕人家普遍运用了“形象放大”的机制，把门抱框扩大，门槛成了门外框轮廓，构成了门的“精神功能尺度”，拓展了门的精神形象（图 7)。

图 7 清代广东澄海樟林新兴街某宅门廊檐柱

（1）牌楼的历史

《诗·陈风·衡门》:“衡门之下，可以栖迟。”《诗经》编成于春秋时代，大抵是西周初至春秋中叶的作品，由此可以推断，“衡门”最迟在春秋中叶即已出现。衡门是什么呢？当时是以两根柱子架一根横梁的结构存在的，旧时称作“衡门”。以前人们是为了能够遮风挡雨，后来人们在这种简单的衡门的横木上加上一个木板顶，就好像房屋的两面坡顶一样，直到现在，这种简单的院门在农村还能够看到（图 8)。宋代的乌头门与衡门不同的是乌头门两根立柱直冲上天，横木插在柱内，柱头用一种水生植物——乌头做装饰，因此名为乌头门。不管是衡门还是乌头门，他们都是牌楼的早期形象。历史上的牌楼大体分为木结构、石结构或木石混合结构。牌楼和牌坊在形式上有一定的区别,牌坊没有“楼”的构造,即没有斗拱和屋顶。而牌楼有屋顶，起到更大的烘托气氛的作用。牌楼和牌坊都是中国古代用于纪念、表彰、装饰、标识和导向指引的一种建筑物，具有记载历史、彰显功德的功能，多建于街道路口、宫苑、寺庙道观、陵墓和祠堂等地方。因老百姓对“牌坊”和“牌楼”的概念不细分，所以到最后两者成为一个互通的称谓。中国目前保存下来的牌楼绝大多数是明清两朝的。但随着大规模的城市建设带来的城市交通的快速发展，这些雄踞于马路中心的牌楼自然成为交通的障碍而被拆除。当年我国建筑学家梁思成先生为保护老北京文化风貌，曾提出过既不妨碍交通又保护牌楼的方案，但没有被采纳，于是一座座牌楼相继被拆除，古老的历史景观也随之痛失。经济和文化的发展带来中西文化的交流和地域文化的复兴，古老的牌楼又重新受到人们的喜爱与重视。那些立在寺庙里的牌楼一座座都得以维修。各地也兴起了一股建立牌楼的热潮，人们在马路边、公园前、市场口新建起一座座牌楼作为标志性建筑。

（2）牌楼的艺术

牌楼根据建造材料的不同可以分为木结构和石结构。牌楼一般都是由单排柱子组成，最简单的是左右两根立柱组成一开间的牌楼。牌楼规模的大小由开间数和楼层层数而定，其中以柱子数和开间数为主要标志。如木结构一开间牌楼（即两柱之间一间的牌楼），可以是一层的、二层的（重檐）或是三层的。立柱有冲天式（柱顶出头）和门楼式（有屋顶）。柱位数和开间数越多，或屋顶的层数越多，结构就越复杂，形式也越丰富。冲天式牌坊的结构算是比较简单的一类（图 9）。在各类牌楼中，又以纪念性的占多数。因为在长期以礼治国的中国，纪念性牌楼具有宣传礼教、教化老百姓的作用。在中国古代，建造一座牌坊主要是为了纪念一件事或者表彰一些名人，把人名及其事迹刻在牌坊上以资纪念和流芳。如位于潮州市昌黎路学宫前的“昌黎旧治石牌坊”，为牌坊式石结构，整体为仿木结构，高 10 米，宽 10.9 米，三间四柱式，三门三层的建筑（图 10）。据清·乾隆《潮州府志》记载：“昌黎旧治坊在府前，为府治建。”原系门洞式牌坊，石额匾刻“昌黎旧治”，背镌“岭海各邦”字样。牌坊始建于明代嘉靖十七年（1538 年），为纪念韩愈而建。韩愈，字退之，号昌黎，额匾上的“昌黎旧治”指的是韩昌黎曾“守此土，治此民”。潮汕古为蛮荒之地，自韩愈刺潮之后，百姓安居乐业，知

图 8 贵州郎德上寨的入口牌楼

书达礼，遂有“海滨邹鲁，岭海名邦”之美称。牌坊于1952年因扩路被拆除，1988年元月重建，其石匾是明代幸存遗构。石斗拱为新建筑构体，没有传统的昂结构，称为无昂式斗拱，其产生的原因是石结构柱头斗拱已无使用真昂的意义（图11）。此坊造型纤细秀丽，追求形式美感。石斗拱均为三斗重叠，层层推出承接石檐，最低的一层斗拱短促，逐级伸长，突出表现斗拱的结构美，与简洁的柱面形成对比，具有很强的装饰效果。

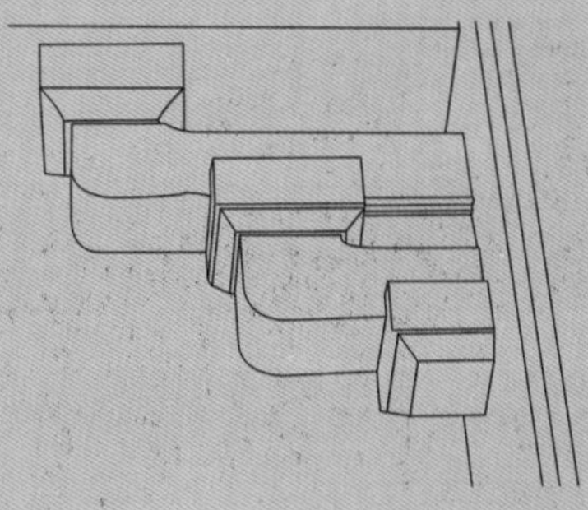

9 | 10
11

图9 福建泉州博物馆正门前的冲天式石牌坊(简易式)

图10 1986年重建的广东潮州西湖石牌坊

图11 1988年重修的广东潮州清代“昌黎旧治”石牌坊石斗拱结构图

牌楼既为标志性建筑，又具有表彰道德的纪念性意义，所以非常注重它的形式和装饰。一般牌楼的装饰部位主要集中在屋顶和檐下的梁枋斗拱上。如屋脊起翘，显得轻巧，檐下梁枋精雕细刻，内容不拘一格，人物、动物和花鸟皆有。如位于汕头市龙湖区鸥汀的证果寺，始建于明代永乐四年（1406年），原名为崇福庵，明代嘉靖四十二年（1563年）改名为证果寺，总建筑面积为1700平方米，由中轴线从外向内依次为山门、天王殿、大雄宝殿和藏经楼（图12）。证果寺山门牌楼为20世纪90年代建成，为仿明代木结构石牌坊式的三层建筑，共计用石1273块，雕龙64条，额匾“证果寺”三字为中国佛教协会会长赵朴初手迹，用“减地平钑”雕刻（图13）。各层用斗拱挑檐，承载着上层的重量，石斗拱为一斗四升，层层出挑，栌斗安放在额枋上，栌斗不大，但拱硕大，如盛开的莲花状，拱如“弓”形，展示承托功能，挑檐较大。石拱在弓形的基础上再刻三个半圆弧，增强拱的装饰，减少拱的粗笨感觉，从美学的角度来衡量，较为美观，其斗拱密集并列，发挥承托、悬挑的作用，增加装饰，同时增添支点，有效缩短梁枋跨度，减少梁枋剪应力。同时采用二跳双抄檐口挑出，显示出挑深远的作用（图14）。这类石斗拱不仅在做法上和组合上

12	13
14	15

图 12 20 世纪 90 年代重建的仿明代的广东汕头证果寺山门牌楼屋檐起翘
图 13 20 世纪 90 年代重建的仿明代的广东汕头证果寺牌楼
图 14 20 世纪 90 年代重建的仿明代的广东汕头证果寺山门牌楼的额匾和斗拱的雕饰
图 15 广东顺德顺峰山公园牌楼

显示出合理的力学关系，而且结构造型清晰，展示出强劲、雄迈的气势，具有中国“不为装饰而装饰”的建筑营造特色。证果寺山门牌楼，装饰的重点在上方的石梁枋和石斗拱，其繁复深密的雕刻，引人入胜，使原来具有结构美的石构件更显它的装饰美。在这里还要一提的是广东顺德顺峰山公园牌楼（图 15），宽 88 米，高 38 米，其中中间拱门高为 17.8 米（相当于六层高楼）。华南理工大学建筑学院邓其生教授说：“以不寻常的尺度巍立于文庙与小山之旁，高度超过了小山顶上所建的明塔、傲视了山水，目无文物。也许设计者认为大公园的门应相对扩大比例，建造大牌坊。但要知道这是风景名胜公园的门，自然生态美和名胜文化美才是主题。历代皇家园林（苑囿）是够气魄的了，但其门面都是小尺度的。北京颐和园，全园面积达 3~4 平方千米，比顺峰山大多了，但它的门也只有三间，高度也不及 10 米。”中国近十多年来，“形式至上”大为流行，对西方物质文明的崇拜和向往从而产生了“欧陆风”，在建筑创作上存在严重的极端形式主义倾向，出现夸富嫌贫、崇洋媚外、相互攀比、追求豪华等不良的建筑设计风气。关于建筑创作的思考，华南理工大学邓其生教授曾提出过：“民族形式要在民族建筑精神的内涵上下功夫，在创作意念上是形式的重构，是把传统的东西‘化合’，为我所用，而不是表面形式的‘混合’。经济意识、环境意识、历史意识都将是我们要加强的方面”。

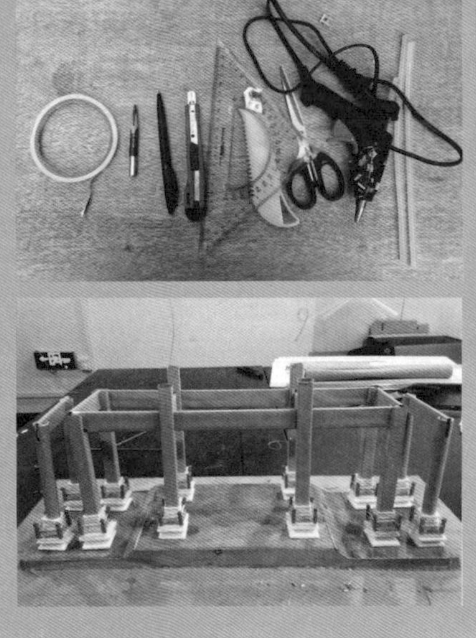

16 | 17
18 |

图 16 制作的工具
图 17 制作基座与柱子
图 18 柱础的装饰

2. 牌楼模型制作过程

本科学生组：沈富城 23 岁、周文卿 23 岁、潘侠松 20 岁

1、作为装饰性和纪念性的牌楼是中国特有的建筑艺术和文化载体，它被极广泛地用于旌表功德和标榜荣耀，主要用于增加主体建筑的气势及作为街巷区域的分界标志等。我们组制作模型前集体学习了牌楼的造型特征和文化内涵，这使我们在制作过程中对古建筑的框架结构及历史意义有了更深刻的了解。

2、制作开始，我们用三层木板钻孔的方式固定梁柱，而由于梁柱的基座用木料雕饰会增加制作的难度及耽误时间的进度，因此组员决定用 KT 板叠加的形式代替，同时，站台的护栏用小木棒裁切并粘合成形（图 16-18）。

图 19 制作屋顶骨架

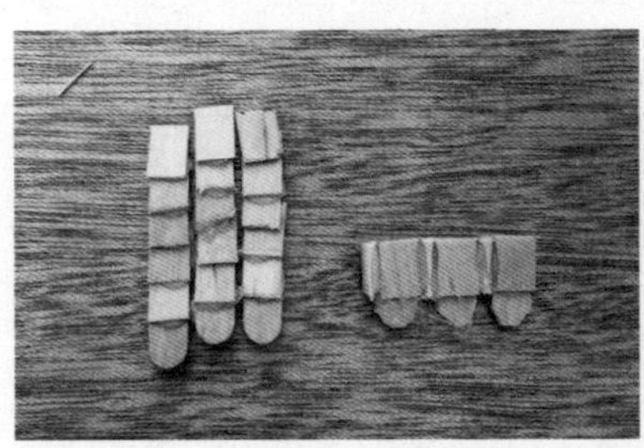

20 | 21

图 20 制作瓦片
图 21 制作屋顶

3、屋顶的制作先用木片及筷子作框架，再用三合板将框架围合。瓦片的制作则用雪糕棒裁剪成小木片，将其叠置粘合成梯级，再用木棍间隔成列（图 19-21）。

4、在制作的过程中，组员在材料选择和图纸设计上遇到难题。由于手工对木材进行裁切和钻孔的精确难度及时间成本会大量增加，同时考虑到辅助工具的局限性，因此如果使用质软的材料会更好操作。另外应把牌楼的结构完全掌握后再进行施工图制作，这样会避免细节上考虑不周而导致随后制作的停滞。最终，通过组员的共同努力，解决了以上难题。

5、经过这次的模型制作实践，我们总结了以下经验：(1) 选材时优先选择易操作的材料，由于木板属于硬质材料且我们组没有机器辅助，在裁切上耗费了大量的时间；(2) 制作前期应充分考虑材料购置、经费管理、部件制作和进度监督的人员安排；(3) 明确制作步骤安排的重要性；(4) 关注模型的装饰风格及整体的构造形态应贯穿在制作的始终。

6、已完成的作品欣赏（图 22）。

图 22 已完成的作品

小学生组的模型制作过程

1、让小学生明确模型的制作目标，自己选择适合材料来进行表达。

2、选好自己所需要的原材料，并进行整理分类，在不同的部位选取不同的材料进行制作（图 23）。

3、焊接各部件用的热熔胶枪要插电 5 分钟，等胶枪发热把胶条融化后才能使用（图 24）。

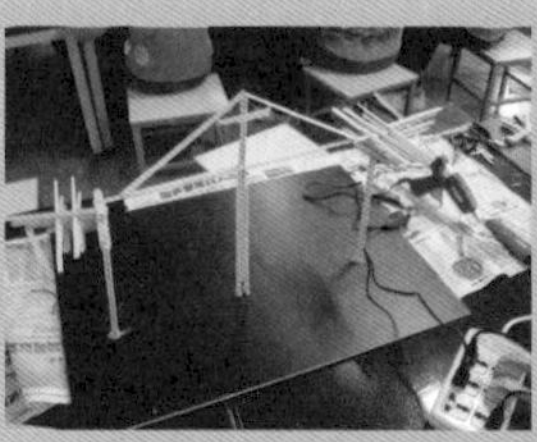

图 23 骨架要做得稳，黏结时要小心别烫到手
图 24 从柱子部位做起

4、从底座做起，学生用铅笔在底座模板上绘制平面图，然后再进行制作。制作的底座及骨架要做得稳妥和扎实，以便能撑起上面其他的部件。

5、制作牌楼装饰的部件要比较精致，使其与梁架部分形成粗细对比。

6、装饰部件要思考如何制作，使其与作品的其他部分协调（图 25）。

7、在焊接的过程中同学要互相协作，焊接之后要细心检查每一个部件是否焊接得牢固，避免脱落（图 26）。

8、已经是半成型的模型，思考下一步该如何装饰（图 27）。

图 25 我作品的装饰是否增加牌楼的动势
图 26 我虽然才 7 岁，但我和哥哥姐姐一样能把模型做好
图 27 一层层的装饰，我要逐层搞定

28 | 30
29

图 28 曾栩彬 12 岁
图 29 星原达希 12 岁
图 30 周庆怡 12 岁

9、已完成的作品欣赏（图 28-30）。

三、课例总结

1．模型制作从结构到形式、从主体到细部装饰的完整性是评判作品好坏的关键。牌楼结构繁多，施工技术和要求比较高，所以，必须在对图纸完全理解后才进行制作。

2．这批模型作品具有别致的造型、清雅的色调、空灵的想象的特点。同学们在模型制作的过程中享受体块装置的快感，从某种意义上是一种捕猎，捕捉心灵中的奇思。

3．牌楼虽然是建筑小品，但有一定的难度，细部装饰富有一定的挑战性。不过，对于动手能力较强及创造思维活跃的学生来说，是很有意思的。

叁、戏 台

之一：戏剧脸谱设计

一、教学目的

中国戏剧脸谱设计是学生感兴趣的话题之一，因为传统戏剧中独特的人物和有趣的传说对于学生来说具有吸引力，使其对历史产生神秘感。本节课以绘画的方式来引导学生设计脸谱，以人物脸部的立体空间来切入思维。通过本课学习，让学生了解中国戏剧的历史和脸谱设计的基本方法，关注传统戏剧艺术，认识脸谱设计对人物性格的塑造作用。在脸谱设计中，学会“变形”和“取形”、“取形”与“离形”的创作方法。

二、教学步骤

1. 教学导入

中国戏曲的起源是原始社会的歌舞，我们从摩崖石刻中可以看到原始歌舞的痕迹，其主要作用是娱神和庆祝。汉朝出现了具有表演成分的“角抵戏”。到了南北朝时期，出现了歌舞与表演相结合的“歌舞戏”。唐朝出现了以滑稽表演为特点的“参军戏”，以及“俗讲”和“变文”等说唱形式。北宋出现了专业娱乐的场所——“瓦舍”和“勾栏”，出现了集歌舞、说唱、滑稽戏为一体的“宋杂剧”。金代在宋杂剧的基础上，出现了“金院本”。南宋出现了“南戏”，元朝将南戏进一步发展成熟，戏曲形成。南戏是中国戏曲形成最早的表现形式，它产生于南北宋之交的浙江温州（古称永嘉）一带。它是在宋杂剧的基础上，融合南方民间小曲、说唱等艺术因素形成的。元朝出现了如关汉卿、王实甫、白朴、马致远等著名的剧作家，使戏剧成为专业的文学。明清戏剧称为“传奇”，其剧本曲词典雅，体制庞大，出现了著名的“昆曲”。2001 年“昆曲”被列为世界首批非物质文化遗产的项目。从清朝前期起，戏曲发生了极大的变化，主要表现为戏曲的民间化和通俗化。先是昆曲、高腔折子戏的盛行，后是地方戏的兴起，戏曲的表演场所也由原来私人住宅的厅堂亭榭转移到专业的茶楼酒馆。

中国戏曲中人物角色按传统习惯的行当分类有“生、旦、净、丑”和“生、旦、净、末、丑”两种分法。近代以来，由于不少剧种的“末”行已逐渐归入“生”行，所以通常把“生、旦、净、丑”作为四种基本行当类型。每个行当又有若干分支，各有其基本固定的扮演人物和表演特色。其中“旦”是女角色的统称，“生”“净”是男角色，“丑”除了有时兼扮丑旦和老旦外，大都是男角色。一般来说，“生”“旦”的化妆是略施脂粉，以达到美化的效果，这种化妆称为“俊扮”，也叫“素面”或“洁面”，其特征是“千人一面”，即所有的“生”“旦”角色的面部化妆大体一样，人物个性主要靠表演及服装来突出（图1-2）。“净”和“丑”是脸谱设计的主要角色，其设计手法是以夸张强烈的色彩和变幻无穷的线条来改变演员的本来面目，这与“素面”的“生”和“旦”的化妆形成对比。“净”和“丑”的脸谱设计，一人一谱，千变万化，从不雷同，所谓“粉墨青红，纵横于面”是形容脸谱设计丰富多彩的说法。脸谱设计是人物角色个性化的一种外在表现，是有一定的规律和方法的，而不是随意的乱涂乱画。根据各类人物的谱式，戏剧脸谱的构图可分为整脸的、三块瓦的、十字门的、六分脸的等，其章法是将点、线、色、形有规律地组织成装饰性的图案。

脸谱设计中的“净”俗称“花脸”，表现性格、气质上比较粗犷、奇伟、豪迈的人物，其脸谱设计要求“色块”大开大合，气度恢宏。如关羽、张飞、曹操、包拯、廉颇等。“净”按其人物身份、性格特点，大体上可分为正净（俗称大花脸）、副净（俗称二花脸）、武净（俗称武二花）。正净（大花脸）以唱功为主，是戏剧的主要角色，如《将相和》中的廉颇（图3）、《猫儿换太子》中的包拯（图4），脸谱设计采用大开大合的设计手法。副净（二花脸）以做工为主，重视动作表演，多扮演豪爽勇猛的正面人物，如《野猪林》中的鲁智深、《三国演义》中的张飞、《李逵探母》中的李逵等（图5-7）。副净也有扮反面人物的，如《煮酒论英雄》中的多用心计、多疑自负的曹操（图8）。“武净”以跌扑摔打为主，如《杨家将》中的杨七郎、辽国的萧天佐（图9-10）。“丑”角俗称“小花脸”或“三花脸”，一般是喜剧角色，脸谱设计一般是在鼻梁眼窝间勾画图案，多扮演滑稽调笑式的人物。丑角分为文丑和武丑两大类，如京剧《打砂锅》中的县官就是文丑的角色（图11）。

1	2	3
4	5	8
6	7	
9	10	11

图 1《白蛇传》的白素贞
图 2《梁山伯与祝英台》的梁山伯
图 3《将相和》的廉颇
图 4《猫儿换太子》的包拯
图 5《野猪林》的鲁智深
图 6《三国演义》的张飞
图 7《李逵探母》的李逵
图 8《煮酒论英雄》的曹操
图 9《杨七郎》的杨七郎
图 10《杨家将》的辽国萧天佐
图 11《打砂锅》的文丑角色的县官

脸谱设计要求符合人物的性格特征，设计讲究“变形”，也讲究“取形”。“取形”即从现实生活中的物象中提取自然造型，将其图案化并装饰，使其具有一定的象征意义。设计时要从脸部的重要部位画起，用色彩、线条巧妙地组织，通过取形来达到“离形得似”

的目的。如眉窝的勾法有云纹眉、火焰眉、凤尾眉、螳螂眉、虎尾眉、飞蛾眉、剑眉、宝刀眉、寿字眉等，这就是“形似”。在造型设计中讲究的变形，即不拘现实生活中的自然形态，大胆地进行夸张和装饰，使脸谱的图案和装饰与现实生活人们脸的造型拉开了距离，这就是造型的“离形”。脸谱上的各种颜色是现实生活中所没有的，但它又是来自于现实生活。如我们常常形容周边的人“漆黑的脸”“红红的脸”“焦黄的脸”“苍白的脸”等，在脸谱上就分别用黑、红、黄、白等颜色来夸张地表现，与现实生活中人们脸色拉开距离，这就是色彩的“离形”。脸谱设计的“取形”与“离形”的目的是为了人物角色更加醒目和传神。“离形得似”、“遗貌取神”，这是中国古代美学的思想，意思是“神似”比“形似”更重要，写形要为传神服务，为了达到“神似”，可以突破“形似”。

2. 教学重点

让学生在脸谱设计中，学习如何“取形”与“离形”，使人物角色更加醒目和传神。知道“神似”比“形似”更重要，写形要为传神服务，为了达到神似，可以突破形似。

3. 教学难点

A. 如何掌握脸谱设计的规律和方法。脸谱不是随意的乱涂乱画，要根据各类人物的行当“生、旦、净、丑”的具体表现手法进行分类。

B. 戏剧脸谱设计可分为整脸、三块瓦、十字门、六分脸等构图，运用点、线、色、形有规律地组织成装饰性的图案。

4. 教学过程（戏剧脸谱设计）

A. 首先选择自己喜欢的人物形象，对其进行行当分类，然后按“生、旦、净、丑”各种行当的造型进行创意构想，大轮廓的脸谱设计也是关键的一步。

B. 根据人物脸谱的个性来选择自己喜欢的彩色笔，有计划地按脸部的位置选择色彩。

C. 从构图入手，选择设计的戏剧脸谱是整脸的、三块瓦的、十字门的，还是六分脸的等等，从重点的部位画起。

D. 首先用重的颜色起一个脸谱的轮廓造型，然后运用点、线、色、形有规律地组织成装饰性的图案，使脸谱完整细致。

E. 在绘制过程中，如何“变形”和“取形”，如何“取形”与“离形”，老师都要给予引导。

F. 学生戏剧脸谱设计作品（图 12-28）。

12	13	14	15
16	17	18	19
20	21	22	23
24	25	26	27
28			

图 12《副净鲁智深》黎子晴 13 岁
图 13《武净》曹雨恒 13 岁
图 14《有龙的净角》李东骏 7 岁
图 15《小蜜蜂净角》林瑞昕 7 岁
图 16《丑角》钟子睿 12 岁
图 17《白脸武净》赖名康 14 岁
图 18《不对称大花脸》张炯烨 10 岁
图 19《快乐神秘的大花脸》谢炜圣 8 岁
图 20《超级武净》涂志超 14 岁
图 21《龙凤正净》郑冠璋 11 岁
图 22《采花贼大丑角》刘若尘 14 岁
图 23《BOY BOY 丑角》刘曜玮 12 岁
图 24《神秘小丑》罗威 13 岁
图 25《QQ 小丑角》郭家俊 9 岁
图 26《Monkey King 丑角》柯临风 15 岁
图 27《金刚丑角》叶欢 7 岁
图 28《开心小小丑角》黄丽璇 5 岁

之二：剧场设计

一、教学目的

剧场设计是学生感兴趣的课题之一，因为中国传统的戏曲表演吸引了学生，对民间的戏剧表演产生了神秘的感情。剧场设计以平面概念来切入空间思维。通过本课学习，让学生学会大空间设计的思维方法，关注与艺术和生活密切相关的剧场，认识剧场的造型美感及其设计功用。在模型的制作中，学会建筑各部分空间的运用，以理性和循序渐进的方法，使艺术设计与现实生活相促进。

二、教学步骤

1. 教学导入

中国古代戏剧演出的场所称为“乐棚”，也就是搭一个棚子，供闲时玩乐的地方。清朝末年才有“剧场”这个名词。中国戏剧的起源是原始人类的宗教仪式，是为了某种巫术内容的需要，一般选择在山林空地、崖壑坝坪等适合制造巫术氛围的地方举行，创造某种宗教所需要的氛围空间。今天，我们可以从幸存的许多摩崖石刻看到中国原始歌舞仪式的场面。汉朝已经出现了用于表演的台子，称为“露台”（图 29），一般处于宫殿的前庭中心，露台四面无遮拦，观众可以从台四周观看演出，我们从敦煌壁画可以看到台的形制（图 30）。六朝时候出现一种专门用于奏乐的木结构台子，称为“熊罴案”（图 31），它的用途是当宴飨的时候临时放置在殿庭，奏乐助觞，不用的时候就可以撤去。这种台子使用便利，拆卸方便。所以被唐、宋宫廷沿用下来，它对于后来戏台形制的固定化产生了一定的影响。唐朝的时候，在宫廷出现了用砖石垒砌的专门“舞台”，称为“砌台”，唐以后慢慢出现家庭戏台。宋朝时出现了正式的演出场所，称为“勾栏”，在清代则称为“戏园”。

至此，伴随着戏剧演出的对象的变化，剧场发生了从原始社会的祀神到娱人的转变。据《汉书·武帝纪》记载，汉武帝为了夸耀声威，在元封三年（公元前 108 年）举行了一次百戏汇演，“三百里内皆观”，即 300 里以内的人都跑来看，说明这场演出是在广场上进行的，因为在那时还不能建造容纳 300 里以内人群的大空间来表演。

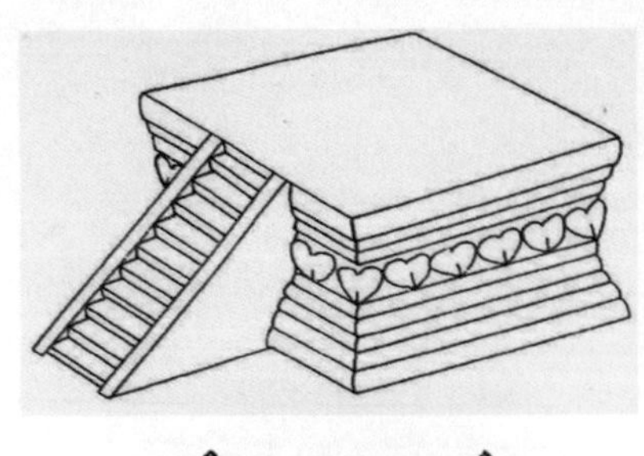

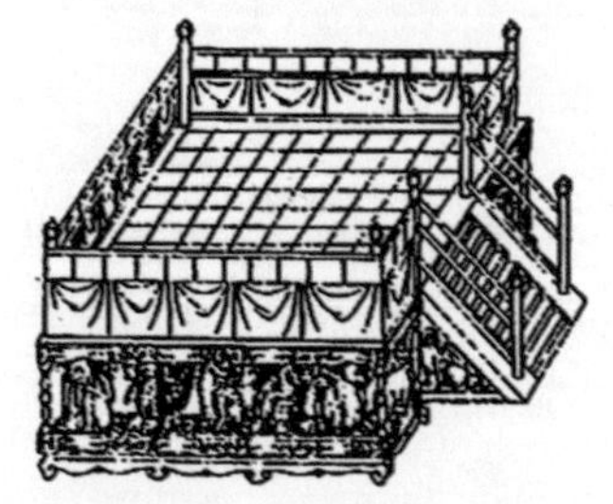
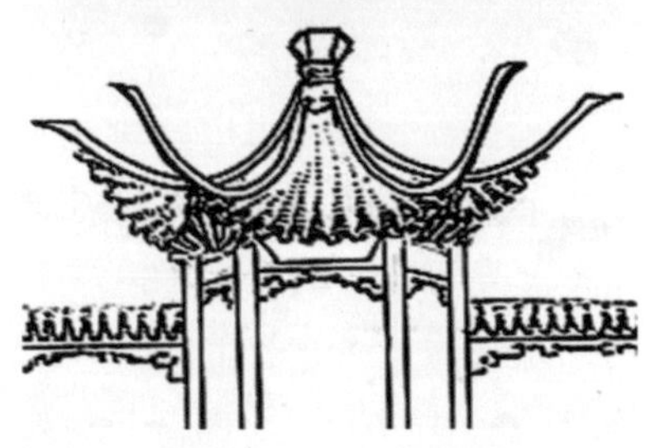

29 | 30
31 | 32

图 29 露台
图 30 舞筵
图 31 熊罴案
图 32 攒尖顶的亭子

宋朝出现了“舞亭”式建筑，并有前台和后台的区分。亭子为周遭无墙、以柱撑顶的建筑。“舞亭”取“亭”为名，是因为其结构上与“亭”一致。舞亭是从露台发展起来的，最初是在露台上架设临时性的乐棚，演出完毕后拆除，后来逐渐产生了固定的瓦、木结构的顶棚。亭子平面一般是方形，顶盖结构多数为四角攒尖顶或歇山顶等(图 32)。元朝把“舞亭”称作“厅”，戏台观看角度从原来的四周向前方三面转移。舞亭的后部加砌后墙，成为一个完整的化妆和后台的准备空间，如建于元至元二十年（公元 1283 年）的山西省临汾市牛王庙（图 33-37)。元朝这种改革为中国古代戏台奠定了基本样式。明朝在元朝戏台样式的基础上建立了固定的格扇式木墙，把前、后戏台正式分开。明清时期，随着中国戏曲的发展与成熟，建造了大量的戏台。在农村出现了许多临时性的戏台，称为“草台”。有的搭建在陆上，有的搭建在水上，江南水乡还有的搭建在船上，形成一个流动的戏班。江南水乡土地窄隘，水岔横支，当地人就利用水边地形构筑“水畔戏台”，一般是将戏台的部分或全部建在水面上，台口有的朝向陆地，有的侧向水面，有的完全伸向水面，便于观众驾船观看。“水畔戏台”的一个特殊用途在于利用水的回声使乐音更加清脆悦耳，清朝宫中的南海“纯一斋”戏台就是水边戏台的一例。明清时期有一种叫“堂会戏”，它演出的场所是最为随意的，即根据观者的条件和要求安排，它可以是在民家普通的厅堂或者庭院，也可以是在衙门、酒楼、饭馆等一切公共场所。明朝昆曲盛行，江南官员富户蓄优成风，经常请戏帮演出，时称“家乐”或“家班”。

清朝“戏园”最初的经营形式是酒馆，即一边卖酒馔，一边演戏。这种酒馆戏园最初出现于明朝末年，清朝前期一些大城市里唱戏的酒馆极多。乾隆以后，酒楼演戏逐渐被茶园所取代。茶园是喝

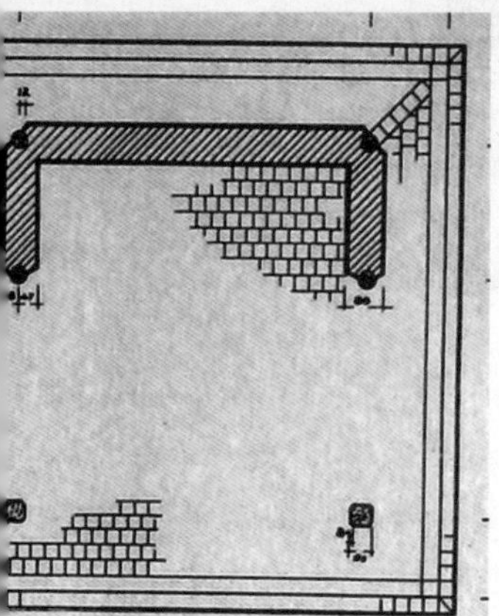

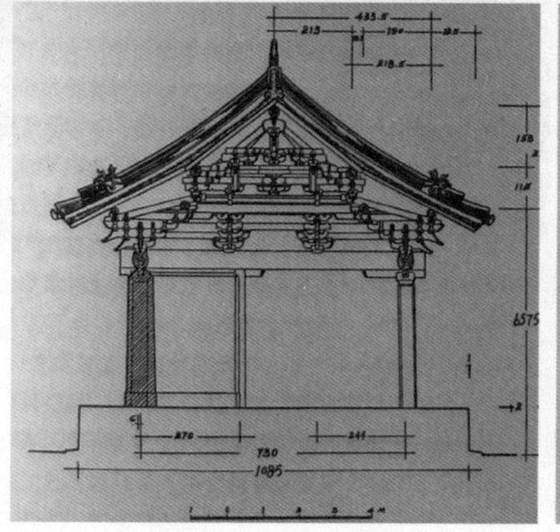

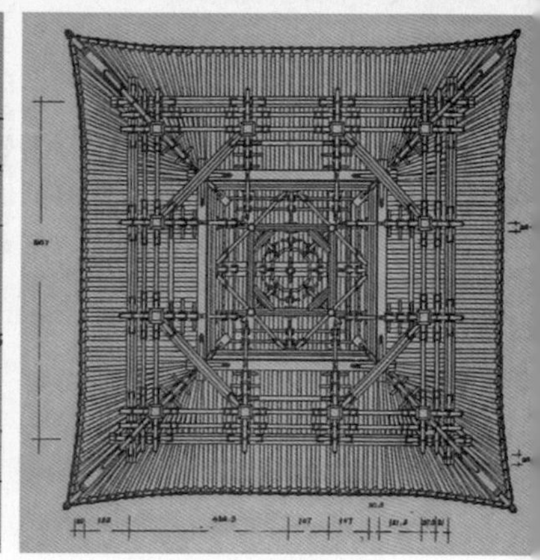

33 | 34
35 | 36 | 37

图 33 山西临汾市牛王庙“乐亭”
图 34 山西临汾市牛王庙“乐亭”藻井
图 35 山西临汾市牛王庙“乐亭”平面
图 36 山西临汾市牛王庙“乐亭”剖面
图 37 山西临汾市牛王庙“乐亭”屋顶

茶的地方，没有酒桌上那种喧闹声，比较适于人们观赏戏曲，所以成为更受欢迎的观赏戏曲的场所。茶园剧场的整体构造为一座方形或长方形全封闭式的大厅，厅中靠里的一面建有戏台，厅的中心为空场，墙的三面甚至四面都建有二层楼廊，有楼梯上下。茶园观众座位按照设置区域和舒适程度分成数等，并按等级收费。楼上叫“官座”为一等，楼下叫“散座”为二等，戏台周围和楼廊环绕的空场叫“池心座”为三等。茶园戏台靠一面墙壁建立，设有一定高度的方形台基，向大厅中央伸出，三面观演。台基前部立有两根角柱或四根明柱，与后柱一起支撑起用木制藻饰的藻井，有些为平闇。有些台板下面埋有大瓮，天花藻井和大瓮都是为声音共鸣之用。戏台朝向观众的三面设雕花矮栏杆，柱头雕作莲花或狮子头式样。戏台后壁柱间为木板墙，有的为格扇或屏风式样，两边开有上下场门，通向后面的戏房。茶园戏园是中国剧场建筑上一个重大的发展，突出表现是对观众席位进行了精心设置和安排。茶园建筑把观众席和戏台都包容在一个整体封闭的空间里，使演出环境排除了气候的干扰，这对于神庙露天剧场建筑来说是一种进步。茶园剧场一般可以容纳 1000 人左右，比今天的普通剧场稍微少一些，但如果考虑到茶

图 38 湖南的庙台演出场面
图 39 20 世纪 50 年代的茶楼戏园
图 40 广东佛山祖庙戏园

园座位是按照茶桌形式摆放的，所占面积较大，那么茶园剧场的面积不会小于今天的普通剧场。茶园里的灯光照明，采用悬挂灯笼的办法。由于茶园内部形成一个封闭的空间，不受天气影响，点灯照明十分方便，所以普遍靠燃烧油灯或蜡烛生光，为了增强演出效果，一般在戏台周围集中悬挂。后来，在一些茶园上部开始安装玻璃窗户，用以引进自然光，这是从建筑设计上对于光线的安排。随着建筑技术的发展，窗户越装越多，剧场内部也就越来越亮堂，辅以灯光，就能更清晰地看到戏台上的演出了（图 38-40）。清朝戏园最初是不准女客进入的，妇女只能在被人家包场的时候才能前往观看，直到咸丰、光绪年间才有所改变，戏园开始设有女座。

2. 教学重点

本课程的教学重点是让学生学习剧场各部分的功能与运用，了解中国戏曲与剧场的发展过程，以及古代剧场的设计特点，给现代剧场的启示；学会如何从分析功能需求到平面规划，再到立体模型的制作；如何提高功能并与建筑造型相结合的思维方法等。

3. 教学难点

A. 模型制作是直观形象创意在立体上的表达，是运用综合材料来完成设计目的的手段之一，也是学生对所要表达空间造型的把握与理解程度的体现。教学难点是如何让学生理解中国古代戏台空间形体和立体模型表达。

B. 如何将设计概念转化为模型，将视觉转化为空间形态，使思维活动转变为空间现实。

C. 如何运用绘画的基础知识来解决戏台的功能和技术问题。

D. 如何准确地把握戏台的特点，将戏台的功能有趣地表达，如何将艺术与技术结合等问题。

4. 戏台模型制作过程

戏台组：梁正源 19 岁、李林金 19 岁、黄映境 19 岁、张嘉欣 19 岁、汪珊珊 19 岁、邓哲 19 岁

1、我们小组认为做中国古代戏台很有意思，为了在细节表现上更便于制作，比例尺从原来定的 1:20 更改为 1:30 的缩尺。

2、我们组从人员组成到个人分工，同学们都积极讨论，这为往后戏台模型顺利制作奠定了良好的团队基础。

3、在制作前期，我们认为制作单体建筑的戏台比起其它组的组合建筑会简单，在时间上稍显从容，因此，分工的不明确导致了后续制作进度的耽搁。在这种情况下，小组重新审视了工作环节是否有错误，每一个节点和时间安排上是否合理。

4、随后我们在工作中，以模型的实体构成要素作为成员分工的凭据，即底板的制作、组件的裁切、戏台的搭建和点景的添置等，都对具体工作进行人员的分工落实（图 41-46）。

5、成员有效的分工促进了制作进度的加快，对每一个细节的更加关注促使工程有序地进展。如：房顶的曲面结构需要对制作材料的加热处理（图 47），戏台中十二根梁柱对于厚重底板的取位嵌入，

41 | 43
42 | 44

图 41 底板制作已完成
图 42 墙壁已经做好
图 43 用较粗的木料做梁架
图 44 戏台窗口的细节已经做好，但有点粗糙

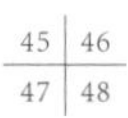

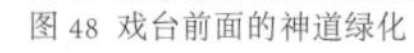

图 45 戏台屋顶先做个龙骨架，然后再装饰
图 46 戏台后台的楼梯用雪糕棒制作
图 47 房顶曲面材料的加热处理
图 48 戏台前面的神道绿化

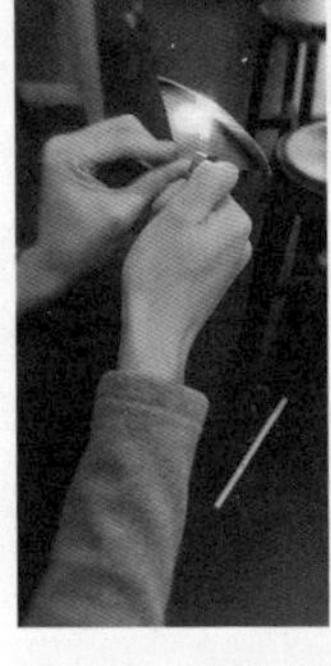

瓦片材料的多番讨论以及最终的确定实践，戏台部件及神道绿化的手工摹制等环节（图 48），组员的耐力都进行持续性地考验。

6、通过多次对构件的结构数据的纠正、色彩关系的调整和粘贴位置的重置，最终凝结了老师的悉心指导和组员的默契配合，戏台模型终于圆满落成。

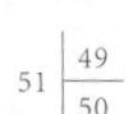

图 49 戏台模型的后立面
图 50 戏台模型侧立面
图 51 戏台模型正立面

图 52 戏台模型的前面的神道和观赏亭

7、这次的空间模型制作过程使我们认识到团队分工及合作的重要性，也相信通过这次实践，对往后建筑知识的深入学习及空间设计及制作有更深刻的理解。

8、已完成的作品欣赏（图 49-52）。

三、课例总结

1、戏剧脸谱与戏台模型的制作，让学生了解中国传统戏剧脸谱与戏台的设计方法，了解戏台的前台后台与观众场的空间关系，了解中国传统的文化。

2、本课让学生置身于古代戏台现场之中，学会空间与美感及实用的结合，体验设计与制作的乐趣。

Chinese Vernacular Architecture Art
中国乡土建筑艺术

肆、土 楼

一、教学目的

本课介绍福建土楼的建筑艺术，让学生了解福建土楼丰富多彩的建筑形式、建筑技术，领略土楼奇特之美。通过大量图片和文字资料给学生展示福建土楼的各种类型，对土楼的聚居方式、防卫系统、建造技术、空间特色以及历史成因作一定的分析，让学生了解福建土楼独特的文化内涵。

二、教学步骤

1. 专业导入

(1) 什么是土楼?

从广义上讲，人们把凡是用土墙建造的楼房都叫做土楼。福建土楼有个约定俗成的概念，是指它用夯土墙承重规模巨大的楼房住宅，即土楼的夯土墙要真正起到建筑结构的承重作用，而不像传统的木结构建筑那样，墙倒屋不倒，夯土墙只有围护的功能。土楼它是聚族而居的大型楼房。这类大型土楼主要分布在闽、粤、赣三省交接的地方，其中，以福建土楼最为奇特。福建土楼以圆形、方形为主，它与粤赣的土楼相比较，相对占地较小，楼层较高，防卫功能突出，且成组群邻建，形成聚落形态，蔚然壮观（图 1)。土楼以极其简洁的造型，斑驳的土墙，构成庞大的体量产生巨大的视觉冲击力。福建土楼为什么要建成封闭的巨型堡垒式作为住宅？为什么要建成方形或圆形？为什么要建成外层套内层，里面平分各个单元用通廊连接，像迷魂阵式一样？外层为什么要建造四五层的高楼，像城堡一样？这是人们探奇福建土楼的缘故。

福建土楼主要分布在闽西和闽南的山区地带，人们为了防卫、防寒，采用夯土墙和木梁柱共同承重的方式建造了一种多层的巨型住宅，这就是福建土楼。土楼外圈围土墙类似厚重的城墙，墙上设有防卫枪眼，内圈设有连廊，上下设有两至八条楼梯。土楼一般为土木结构，由夯土墙承重，大多数是三至四层，有一种五凤楼式的外圈层有的高达六层,并形成土楼群的家族聚落形态。“多层”和“巨

图 1 福建南靖县书洋乡田螺坑村土楼群

型”是福建土楼的建筑特点，也是与粤赣两省土楼层数较少的区别。

(2) 福建土楼的形式

福建土楼主要有三种形式：圆楼式、方楼式和五凤楼式，也有少部分由这三种形式变异的形式。圆形和方形的土楼分单元式和内通廊式，它们建造年代从明嘉靖年间至 20 世纪 80 年代，外观造型基本相同，但平面布局有一定的差异。单元式主要分布在闽南，是闽南客家人的群居住宅，特点是各单元之间没有环形的内通廊，祖堂设在正对大门的环楼底层，内院作为公共场地。内通廊式主要分布在闽西，是闽西客家人的群居住宅，特点是每层各单元有环形的内通廊，建造年代较早的祖堂设在内院的中心，正对大门，建造年代较晚的侧祖堂设在正对大门的环楼首层，内院完全开敞。

A. 圆楼

福建圆形土楼约有 1100 多座，其中，内通廊式约 800 多座，单元式约 300 多座。多数外圈为 3—4 层，外圈直径约 30—50 米不等，有的内院增加一圈或两圈环楼，有的只在内院中心设祖堂。祖堂有的是方形的，有的是圆形的，它丰富了内院的空间变化。永定县湖坑镇洪坑村的振成楼是福建圆形土楼的代表，也是第一座作为旅游景点的土楼（图 2)。振成楼始建于 1912 年，历时 5 年完成，是民国初年国会众议院议员林逊之的住宅，占地面积 5000 平方米。振成楼分内外两圈，外圈 4 层，每层 48 间，按八卦形设计，每卦 6 间为一个单元，悬山顶抬梁式构架，卦与卦之间筑防火墙，以拱门相通。内圈 2 层，每层 30 间，二层廊道栏杆用铸铁花格，十分精致，是振成楼的特色之一(图 3-5)。振成楼中心是祖堂,祖堂设计成一个舞台，台前四根石质立柱，高 7 米，装饰风格是中西结合，如，有西洋韵味的石柱头、石梁枋、石门框、石窗框雕饰，又有中国式的楹联石匾等，显得儒雅肃穆，美丽壮观（图 6)。

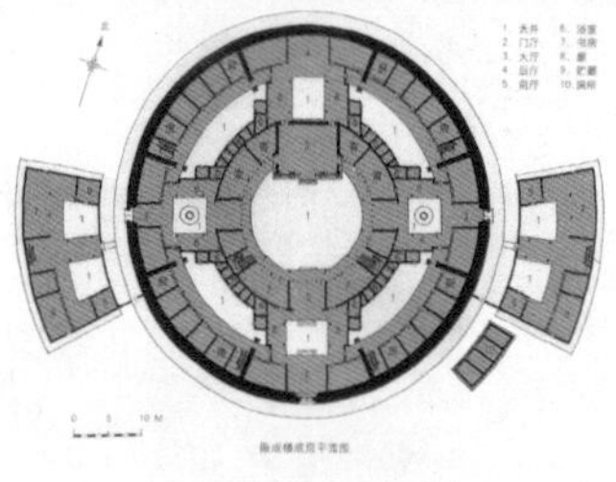

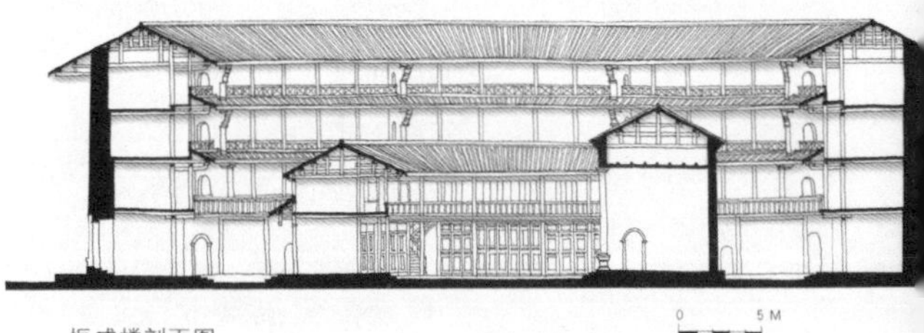

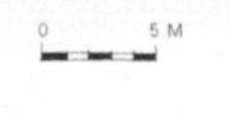

振成楼剖面图

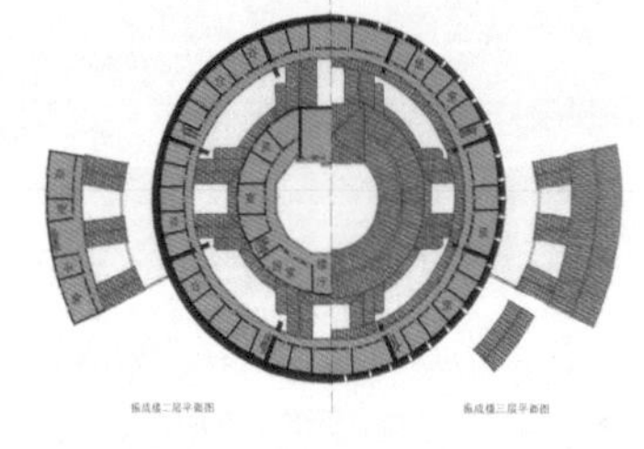

a) 柱子

振成楼柱子有圆形、方形，有的柱子附墙体，有的四周雕刻。柱子雕饰主要集中在柱头和柱础上，特点是柱础、柱身、柱头由一根石料构成，与柱子连体并直接落地，当地称“落地柱”，一反中国传统营造法式的柱础、柱身、柱头三分做法。柱头、柱础雕刻中国传统卷草图案和瑞祥动物图案，也有的柱头雕刻中西结合的纹样。振成楼在空间处理上，一排排石柱形成多层次空间，富有节奏感和趣味性，如，祖堂前檐的 4 根石柱，高度是一般住宅的 2 倍，强化建筑的气势（图 7）。

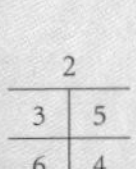

图 2 福建永定县胡坑镇洪坑村“振成楼”的外观
图 3 福建永定县胡坑镇洪坑村“振成楼”一、二、三层平面图
图 4 福建永定县胡坑镇洪坑村“振成楼”的剖面模型
图 5 福建永定县胡坑镇洪坑村“振成楼”剖面图
图 6 福建永定县胡坑镇洪坑村“振成楼”的内院

b) 梁枋

振成楼梁枋比较接近人的视线，所以，一般雕饰得较为细腻。石梁枋选用优质的油麻石，雕法也比较讲究。如，祖堂的石梁枋用浅浮雕的方法雕刻“草龙纹”图案，象征“蛟龙出海”，事业蒸蒸日上。雕刻刀法圆润，按纹理走向镂刻，追求韵律流畅的韵味，巧妙地将草龙形象与海浪纹结合在一起，体现雕饰与寓意结合的手法，同时，显示高超技艺和材料的优质。白色的石梁枋与女儿墙的由红砖装饰形成白、红对比，相映得彰（图 8）。

c) 门窗

振成楼门窗在建筑中有双重作用，一方面是实用功能，另一方面是装饰功能，成为表现建筑人文内涵的重要部位。宋代把门、窗等附属构件称为“小木作活”。清代把建筑四周的外墙和门窗称为“外檐装修”，现代便称为“室内、外装饰”。振成楼门运用了“形象放大”的机制，把门抱框扩大，门槛成了门的外轮廓，构成了门的“精神功能尺度”，拓展了门的形象。门窗框多为矩形和半圆拱形，门、窗外抱框巧妙地运用西洋的拱门、拱窗形式，进行外抱框装饰，雕刻精美，增加门、窗的气势，体现材质美感的同时烘托主人的尊贵，静谧又富有文化品位（图 9）。

7 | 8 | 9

图 7 福建永定县胡坑镇洪坑村“振成楼”祖堂
图 8 福建永定县胡坑镇洪坑村“振成楼”祖堂石梁枋的雕饰
图 9 福建永定县胡坑镇洪坑村“振成楼”内圈正入口

d) 石刻书法

振成楼的石刻书法大多出自名家手迹。如祖堂石匾的“里堂观型”，是民国初期大总统黎元洪的手迹。石刻采用“减地平钑”(阴刻) 的方法雕刻，笔划如刀似剑，挺拔有力，雕刻技术与书法艺术融为一体，形神兼备。石刻讲究石料的选用与颜色的配搭，雕刻细腻，衬托宅第的富贵。振成楼建筑风格中西结合，博众家之长，为我所用，把建筑雕刻成了一件艺术品。

B. 方楼

福建方形土楼约有2100多座，其中，内通廊式的方形楼平面大部分为长方形或方形；单元式的方形楼平面一般前面是方形，后面两角抹圆，也有个别四角抹圆的。内通廊式方形土楼内院一般又有一个方形四合院，作为祖堂（中轴线位置），堂前设客厅及回廊，形成一个大院套小院、四个天井的格局。在空间上既分割又流通，相对比较空敞。如永定县下洋镇的德辉楼和湖坑镇洪坑村的奎聚楼就是大院套小院的方形土楼。奎聚楼结合地形，前半部建成三层，后半部建成四层，形成前低后高，迭落有序，立面变化丰富的格局。祖堂建在内院中轴线正中，是一栋楼阁式的四层楼四合院，祖堂将内院分隔成四个不同的天井，雕饰华丽。南靖县书洋乡石桥村的振德楼建在山坡上，前面建造三层，后面建造二层，内院中间又横一栋两层的，整座形成一个“日”字形的布局。漳浦县湖西乡赵家堡

图10 福建漳浦县湖西乡赵家堡内的“完璧楼”

图 11 福建永定县胡坑镇洪坑村“福裕楼”及周边环境

内的完璧楼，建造始祖赵若和是北宋魏王赵匡美的第十一世孙，是南宋理宗时的闽冲郡王。闽冲王随南宋末代皇帝南逃至广东崖山，在战斗中失利遂与亡臣黄材等人潜逃，改名换姓隐居于此。完璧楼寓意“完璧归赵”。完璧楼为三层方形楼，大门前围出一个前院，入口设在前院的两侧，条石墙基、灰墙堵，屋檐有红砖相间，内院有石雕、泥塑、彩绘装饰，构成独特的建筑（图 10）。

C. 五凤楼

五凤楼式土楼在福建约有 250 多幢，主要集中在永定县。其平面形式是“三堂两横”，有的建成前后三堂或两堂的形式，称“三堂式”或“两堂式”的五凤楼；也有的将两个两堂式并列建成“四堂式”；有的向两侧发展成“三堂四横式”；有的两个三堂并列成“六堂两横式”。永定县湖坑镇洪坑村的福裕楼就是一例证（图 11）。福裕楼建于 1882 年，其形式是将下堂变成两层板房，并延长与两侧（三层）的横屋相连，后堂的主楼（五层）扩大与两横相接，构成四周防卫很强的楼堡。福裕楼中堂与两侧的过水屋及前后厢房组成“卄”字形，将内院分隔成 6 个天井（图 12）。福裕楼前是窄长的前院，院前的照壁紧临溪边，门楼旋转一个角度斜对“水口”。整座建筑中轴对称设计，屋顶高低错落，又是临溪建筑，远观气势轩昂。院中石雕、木雕、灰塑装饰，精致华丽。福裕楼盛时楼内居住 27 户，达 200 多人。

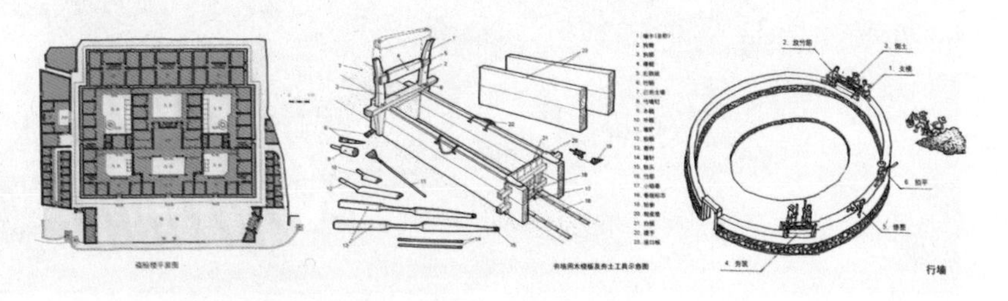

12 | 13 | 14

图 12 福建永定县胡坑镇洪坑村“福裕楼”平面图

图 13 福建土楼夯墙用木模板及夯土工具

图 14 福建土楼夯墙工序时的行墙

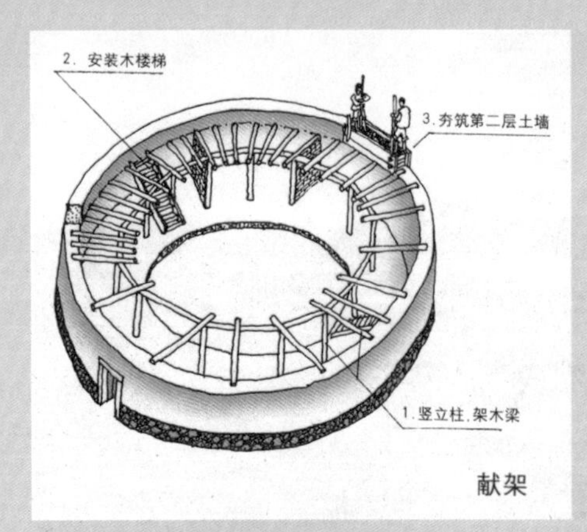

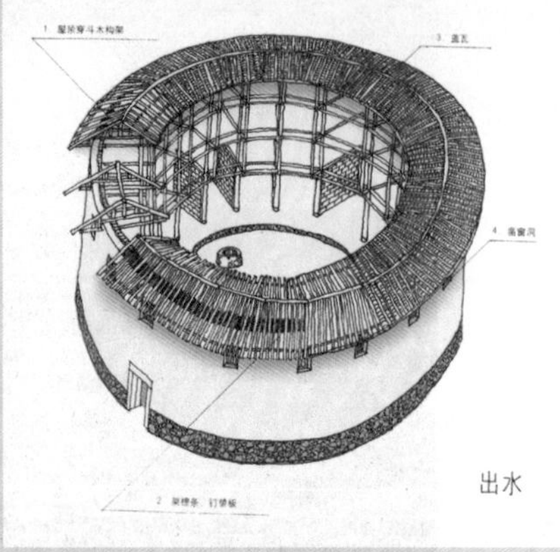

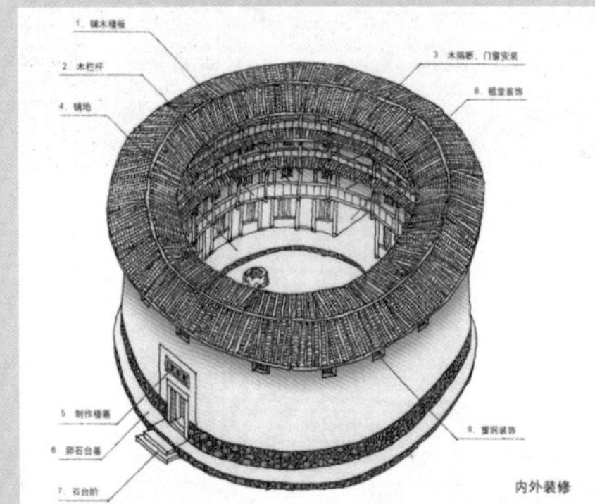

15	16
17	

图 15 福建土楼夯墙工序时的献架
图 16 福建土楼夯墙工序时的出水
图 17 福建土楼夯墙工序时的内外装修

图 18 福建永定县胡坑镇洪坑村“如升楼”周围景观

（3）福建土楼的建造技术

夯土造屋是中国的传统，其中福建土楼的夯土技术达到了中国最高的水平（图 13），日本琉球大学福岛骏介先生把土楼称为“利用特殊的材料和绝妙的方法建起的大厦”。土楼建设工程包括选址、开基、打脚、行墙（图 14）、献架（图 15）、出水（图 16）、装修（图 17）七道工序。北宋李诫编修的《营造法式》，系统介绍了当时夯土版筑技术，土楼底层墙厚 4.1—4.3 米。而现存福建土楼底层墙厚只有 1 米多，比《营造法式》记载的要少 3 米，说明明清时期的福建土楼夯土技术已超过北宋，既薄又坚固，达到抗震的要求。

（4）福建土楼的美学

福建土楼以其独特的艺术魅力让人们见而不忘，主要是因为圆楼和方楼的造型，“天道圆，地道方，圣王法之，所以立上下”，“天圆地方”“阴阳”“五行”“太极”的宇宙图式深深地植根于中华民族的心中，构成了传统的伦理和世界观。福建土楼除了圆楼、方楼、五凤楼这三种基本类型之外，还有一些难以归类的土楼，形式十分丰富，其数量虽然不多，但却极有特色。这些根据三种基本类型变异的土楼，它们结合地形，布局自由，是福建土楼建筑中极其珍贵的部分。在聚落空间方面，强调负阴抱阳，藏风聚气，注重与天地自然环境的关系，追求“天、地、人”和谐统一。福建土楼注重建筑、人和自然协调，和“风水术”，祈求建楼之后能人杰地灵，家庭平安。福建土楼之美，不仅在外部形象，更在内部空间的丰富变化，以及它与周边环境的有机结合，构成人工融合自然的建筑，创造了人工与生态环境的完美融合（图 18-19）。

图 19 福建土楼依山水而建的聚落生态

2. 土楼模型制作过程

圆形土楼组：吴晓桐 18岁、卓怡君 21岁

1、我们组是制作历史悠久、风格独特、结构精巧的圆形土楼模型。首先我们听完老师的课后，查阅了大量资料，两人进行有效的分工和材料的采集等（图 20）。

20 | 21

图 20 圆形土楼准备制作的材料与工具
图 21 我们按旧纸筒的大小作为墙体的比例缩尺

2、制作准备阶段，所碰到的难题是在市售材料中找不到符合圆形土楼的造型构件，在无意中刚好发现工业设计模型室里有一个废弃的旧纸筒，我们被它给启示了，是否用旧纸筒来解决问题呢？旧纸筒的构造与原色恰好与圆形土楼的特征相契合。最后，我们俩根据旧纸筒的直径来确定圆形土楼模型的比例尺为 1：250 的缩尺（图 21）。

3、关于底座的制作，在从方形切为圆形的过程中，发现被割破的底板可取用，并将易于裁切的 KT 板覆之包装纸作为各个楼层的底板；房屋的骨架部分则由原来支撑力不足的泡沫更换成硬度较高的软胶片，并裁剪粘合而成；土楼每层的围栏、隔墙和屋檐皆以棍状木料进行黏贴；而土楼房顶的小块状木片则是为了呼应土楼实物瓦面的真实感而采用的段状雪糕棒（图 22-25）。

22 | 23 | 24

图 22 各层的构件
图 23 圆形土楼屋顶
图 24 内圈的方形祖堂

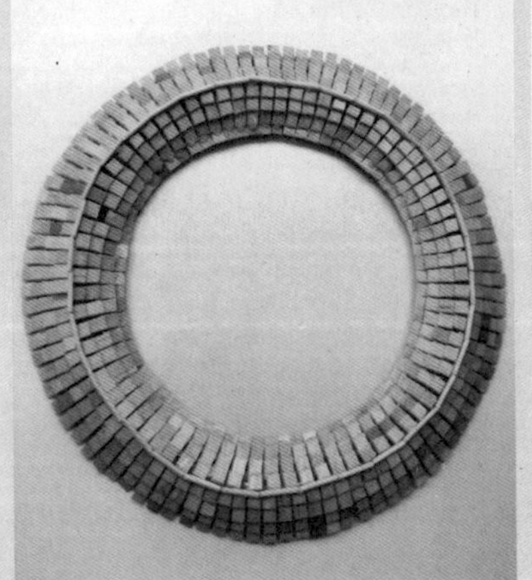

图 25 外圈围墙

4、盖上屋顶之后，圆形土楼的造型也基本呈现，同时，组员也对模型的整体效果做出了构想，即出窗的具体位置、门口的尺寸比例和点景的材料造型等。

5、为了烘托客家土楼围屋场景的气氛，在点景的添置上我们选择了灯笼的悬挂，石径的铺置和祠堂周边绿化的植入等（图 26-27）。

6、外观古朴的圆形土楼模型凝聚了我们组的智慧，也凝聚了我们组琐碎的记忆，彷徨有时，喜悦有时（图 28）。

7、已完成的作品欣赏（图 29-31）。

26	27	28
29	30	31

图 26 内圈结构
图 27 祖堂广场绿化
图 28 圆形土楼古朴的外观
图 29 圆形土楼鸟瞰图 1
图 30 圆形土楼鸟瞰图 2
图 31 圆形土楼鸟瞰图 3

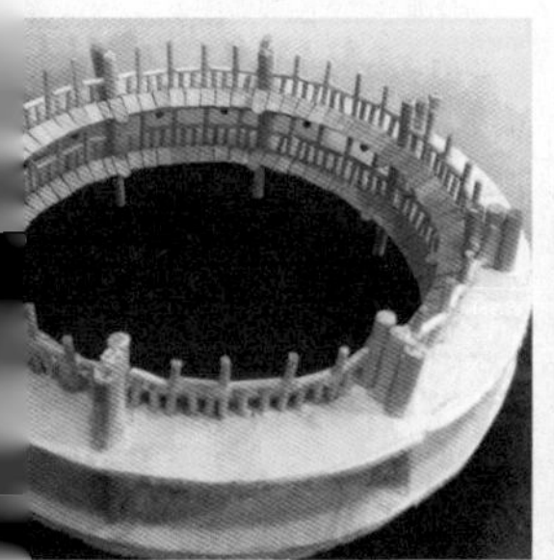

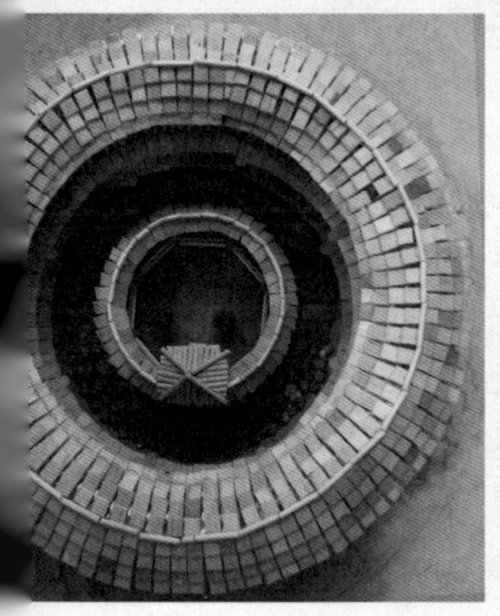

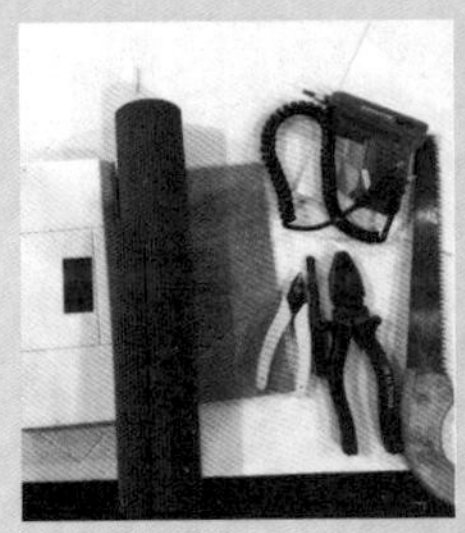

方形土楼组：叶歆瑜 18 岁、张玉冰 18 岁、杨丽 18 岁

32	33	34
38	35	36

图 32 准备方形土楼制作的材料与工具
图 33 用木料做方形土楼的内部骨架
图 34 用木板做方形土楼的外围墙
图 35 方形土楼的内围
图 36 方形土楼内的小方形祖堂
图 38 外墙处理

1、制作伊始，由于对方形土楼在资料搜集方面的不充分，如：施工图纸缺乏，我们只能查找到实物照片和大致尺寸，最后组员运用制图的知识，将土楼以 1：50 的比例进行缩放。

2、由于对材料的不熟悉，起初打算用 KT 板建造外形，但是，后来发现 KT 板过于轻巧，使得其外形与现实情况不相符，与老师交流之后，我们组决定用木板作为方型土楼的外围材料（图 32）。

3、由于土楼的历史悠久，所以在制作时要考虑其土楼的历史沉淀感，模型不能制作得太过于现代化。记得老师说过“模型不一定要色彩丰富，但是要有真实性。”所以，我们组运用木板的原木色以凸显方形土楼的朴素风格（图 33-34）。

4、完成了土楼的外围轮廓，开始对内部进行加工装饰。土楼的主要风格是“围”，不仅外形遵循这个“原则”，内部的人、事、物也以聚集的形式对此呼应。所以，内部结构我们必须做到“密”。用细小的竹签搭起一排排的整齐的围栏，搭起了密密的屋檐。为了体现土楼结构的特点，我们还在中间做了个小小的祠堂，以示其土楼的独特性（图 35-36）。

5、为了仿效土楼的真实面貌，土楼屋顶的搭建我们采用裁切成尺寸合适的木片排叠成列，与竹签的间隔并置来表现瓦片。这种还原性拼接创作的屋顶在外形上迎合了方形土楼的实体建筑，使模型在视觉上达到与实物的契合。土楼屋顶搭建的完成将意味着模型工程近乎完工（图 37）。

6、方形土楼主体结构完成之后，周围用简单的木板、树枝以及小石头进行外围的装饰处理，使模型更加完整（图 38）。

37 图 37 方形土楼屋顶制作
39 图 39 方形土楼

7、我们的经验：模型制作不仅要求“手巧”，也强调了“心灵”。我们从资料收集整理到模型的规划实施都需要细心和耐心。由于我们组在制作前的准备阶段不足，无论是资料的搜阅能力，方案的设计构思，模型的制作方法等，导致了后来动工后的频频返工，这种积极性的挫伤在老师的悉心指导下慢慢得到恢复，且渐渐找到了方向。另外，在小组合作中也学会了相互讨论、相互帮助、相互监督。这次课不仅学会了空间模型的制作方法，更体悟了生活的处事态度。

8、已完成的作品欣赏（图 39）。

三、课例总结

1. 福建土楼是中国传统的就地取材的营造法，称为“生土建筑”，它与环境的有机地结合，是当前倡导的生态建筑，对学生培养生态环境保护意识有着重要的意义。

2. 福建土楼从结构到形式，对学生的美学启发有一定的作用，在动手制作的同时获取知识和艺术修养，开拓思维，提高设计能力。

3. 福建土楼类型多样，学生必须对材料思考后再选择制作的类型。

4. 随着中国城市化进程的加快，有价值的历史建筑正被疯狂地吞没。本课能培养让学生爱护环境，爱护家乡意识，相信在不久的将来，我们会看到属于自己家乡的建筑特色。

1 | 2

图 1 中坚楼
图 2 中坚楼模型

伍、碉楼

一、教学目的

本课分析广东开平碉楼的建筑艺术，让同学们了解碉楼的建筑形式、建筑技术以及奇特的建筑之美。通过大量的图片和文字资料展示碉楼丰富多彩的类型、聚居方式、防卫系统以及历史成因等，让同学们了解奇特的开平碉楼建筑文化。

二、教学步骤

1. 专业导入

（1）开平碉楼的产生

开平是著名的侨乡，它的成因既有地理的因素，也有历史原因。在明朝的时候，已经有开平人远渡重洋到异国谋生。清朝末年，开平一方面由于当地自然灾害严重和盗匪横行，让人们无法安居乐业；另一方面由于西方等国家经济发展，特别是美国的西部大开发，需要大量的劳动力，很多开平人离开家乡，远渡异国，开始了海外劳工生涯。开平碉楼大部分都是这时这些远离家乡的华侨挣钱以后回到家乡建造的。开平碉楼在我国民居上具有独特的地方特色，如，建筑形式中西合璧，建筑功能有居住和防卫的作用等。开平碉楼因为业主都是华侨，所以在营造时都带有着客住他乡的文化情结，他

3 | 4

图 3 带有罗马柱和拱券的碉楼
图 4 仿西欧中世纪教堂式碉楼

们从国外带回钢筋、水泥，同时还把客居地的建筑形式带回家乡，与家乡传统的建筑形式相结合，创造出奇特的开平碉楼形式。碉楼集居住与防卫于一体，高耸挺拔，坚固美观，如堡垒，如炮楼，这样的建筑可以抵御洪水和盗贼的袭击，也可以保证居住安全（图 1-2）。

（2）开平碉楼的建筑形式

开平碉楼的建筑形式千姿百态，形式多样，仅屋顶样式就有几十种，如有中国传统的硬山顶、悬山顶，也有西方古典时期的希腊式、罗马式，中世纪时期的拜占庭式、英国浪漫主义寨堡式等。有的屋顶向里微收，有的向外伸展，这样设计在功能上具有很强的防卫兼装饰的作用，有的柱子、柱廊、拱券的装饰雕刻具有中西结合的特色纹样（图 3-4）。

A. 挑廊

开平碉楼的挑廊位于楼体上部的出挑部分，或是一圈上有遮挡的环廊，或是一圈露天的阳台，四周伸出几个挑斗。挑廊的作用主要是供业主观望赏景和防卫时瞭望与射击侵略者之用，所以，挑廊的四面都有枪眼或窗洞，就连出挑部分的楼板上也设有长条形的枪眼，适合远、近距离的射击（图 5-7）。枪眼造型除了长条形外，还有圆形及“T”字形，设计方法是外小内大，与一般军用碉堡外大内小的射击口正好相反（图 8）。

B. 楼体

开平碉楼的墙体大多数是生土材料砌筑。做法是将预制的土坯全部晒干，然后，一次性由底砌到顶就能将碉楼建成，省时快速。

图 5 仿寨堡式碉楼顶层的悬挑
图 6“联登楼”顶层的悬挑
图 7“思源楼”顶层的悬挑（带阳台与中式山墙）
图 8 射击孔

碉楼为了延长土坯墙的寿命，增加土坯墙的坚固度，建设者常在砌筑好的土坯墙表面进行加固处理。如，先抹一层灰砂，然后再抹上一层水泥，这样可以减少雨水的冲刷腐蚀，也能防御枪弹的射击；还有一种墙体是夯土的版筑墙，用两块大木板夯制，中间用黄泥、石灰、砂子和红糖水混合而成的三合土材料夯制而成。这种墙体虽然比福建土楼的墙体要薄得多，但非常坚固，因为，这种三合土的配料与低标号水泥的坚固度差不多，但抗张力比低标号水泥大得多。三合土版筑墙施工比上述的砌土坯墙要麻烦，因为前者要等下一段干透之后才能再筑上面一段，比较费工费时。开平碉楼大部分是生土材料的墙体，还有少部分是钢筋水泥的墙体，但后者造价太高，较为少见。

开平碉楼的外墙各层均设有小窗，窗口内安有竖向的铁条，外面是用超过 3 厘米厚的钢板做成的钢窗，主要用于室内通风和采光，同时也有防卫功能，如果有匪徒入侵，则立刻关闭小窗，用外面的钢板窗扇抵挡枪弹。这些小窗形状各异，或整齐一致，或参差错落，在外墙体起到一种装饰的作用，给平板单调的楼体增添了许多活泼的气氛（图 9）。碉楼内的楼板，有的是钢筋水泥板，有的是木板，有的用水磨石来制作楼板和扶梯，光洁美观，有的地面和楼板铺彩色釉面砖，形式丰富，世界各地的风格都有。

图 9 通风、采光和防卫三用的铁窗

10 | 11
图 10“裕安楼”的顶层
图 11 带有中西结合的顶层

开平碉楼的屋顶是最丰富的部分，一般下部的墙体基本没有什么变化，不同的就是体量大小与高低（图 10-11）。因此，纵观开平碉楼的建筑形式，平面主要有两种，即正方形和长方形，层数一般多为三到六层，少数高达九层。碉楼占地面积不大，一般为三开间，小的只有半开间，所以，碉楼给人高耸直立，稳定坚固之感觉。碉楼多建在村落的后部、两侧或前部，既能保卫村落，又不打破村落原来的规划，起到了点缀村落、聚落形态产生起伏的美观作用。

（3）开平碉楼的分类

开平碉楼分为三大类：一是更楼，二是众楼，三是居楼。更楼也称为灯楼，是一种小型的炮楼，一般建于村头或村尾，有的则建在小山坡上，主要供村里的民团和更夫使用，楼内设有报警器、枪支、探照灯等设备，以供巡逻和报警之用，建筑造型一般比较精巧，上面呈亭状（图 12-13）。众楼是由多户人家共同修建的，设计方式是集居式，一般楼的中部为通道和楼梯间，两旁为房间，众楼碉楼内部空间不大，这些房间也比较狭小。众楼一般是三到六层，每层设有不同大小的房间，主要是在匪患或水灾时居住，平时不住人。底

图 12 昇平楼
图 13 村前的更楼
图 14 自力村的“铭石楼”

层大多作为储物室，也兼作厨房，中间几层供老人、小孩、妇女居住，最上面一两层给年轻人居住，主要起瞭望与守卫作用。居楼是华侨建筑，居住和防卫并用。这类建筑比较讲究，造型精美，内部装修豪华，房间分隔比较灵活。有的带有裙楼，即在碉楼前部或两侧建的一座一层或两层的建筑。裙房与居楼一高一低相衬，形成高低、封敞对比，使居楼既不孤立又和谐。还有一个特点是裙楼与碉楼相连，如遇到抵挡不住劫匪袭击的情况下，业主可以快速安全地躲进碉楼内或离开碉楼。如，自力村的铭石楼就是一例（图 14）。

（4）最精美的碉楼

塘口镇是开平较为著名的侨乡镇，距开平市区约 10 公里，镇内有很多罗马式和西班牙式的碉楼。现存较为有名的碉楼群有方氏灯楼和自力村碉楼群等。自力村的碉楼之间有池塘，种植了大片的荷花，碉楼旁是浓密的参天大树，人行其间，可以感受清新优美的自然环境，流连忘返。自力村最精美的碉楼要数铭石楼，共有五层，下面四层平面为方形，立面比较平实，第五层出挑，立面富丽堂皇，外观前部是宽敞的柱廊，三面共有 8 根立柱，均为爱奥尼式，平台四周有罗马式栏杆，正面正中为“铭石楼”匾额，匾额上部是巴洛克式山花装饰，纹样优美。楼顶中部另建有一个中式琉璃顶小巧精致的小亭子，立柱为爱奥尼式。楼内装修华丽，还陈设着当年华侨的生活环境的图片。

2. 碉楼模型制作过程

"寄谊楼"组：陈杰伟 19 岁、杨华强 19 岁、钟悦余 19 岁、段静 19 岁、李秋静 19 岁

1、我们模仿开平第一碉楼的"瑞石楼"而自行设计制作"寄谊楼"（图 15-17）。

2、我们组制作的寄谊楼以 KT 板、木材、泡沫、绿塑料皮、植物模型、胶枪、磨砂纸和白乳胶作为主要的材料和工具，外墙由 KT 板围合，各种型号的雪糕棒、牙签、木材等用作围栏的制作及墙面的装饰。

3、我们组确定模型的比例尺为 1 : 40 缩尺后，进入制作前期的准备阶段，并对组员进行详细的分工，如：谁负责收集资料，谁负责绘制图纸，谁负责采购材料等，但一层平面图的绘制是老师安排的，老师规定每组的组长必须绘制总平面图。分工妥当之后，我们随即进入制作的阶段（图 18-19）。

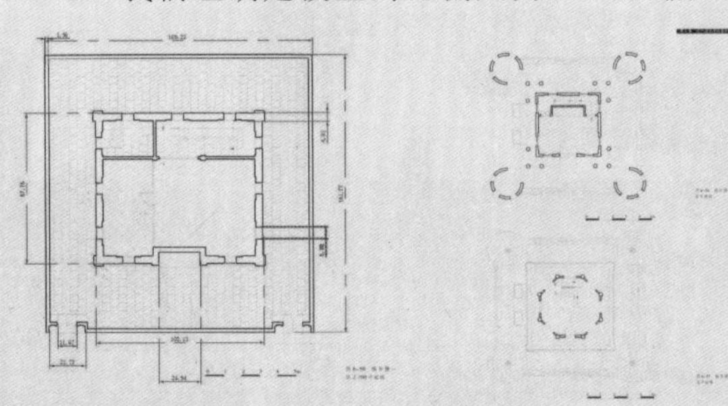

15 | 16

图 15 "瑞石楼" 一层平面
图 16 "瑞石楼" 六、八层平面

4、我们组各位组员都积极地投入到各自分工的工作，制作初期进度的缓慢是由于没有裁切木板的机器。如，制作碉楼的墙体时，墙体作为主体的构件，要求数据精确和裁切细致，所以，在几次不如意的制作下，组员们讨论从手绘色彩的处理手法更换为原来的影印粘贴的简单处理方式，使墙面更接近真实且具有艺术性（图 20）。

5、我们在制作后期的阶段，发现我组用地材料比较简单、制作比较粗糙、结构经不起推敲等弊端渐渐地显露出来。同时，在前期的准备阶段，也忽略了对主体建筑周边环境的构想，以至由于意见的分歧而耽误了制作的进程。最终，我组经过多番讨论，补充规划

17 | 18 | 19 | 20

图 17 "瑞石楼" 侧立面图
图 18 各层部件的制作
图 19 各层部件的装饰
图 20 墙面装饰

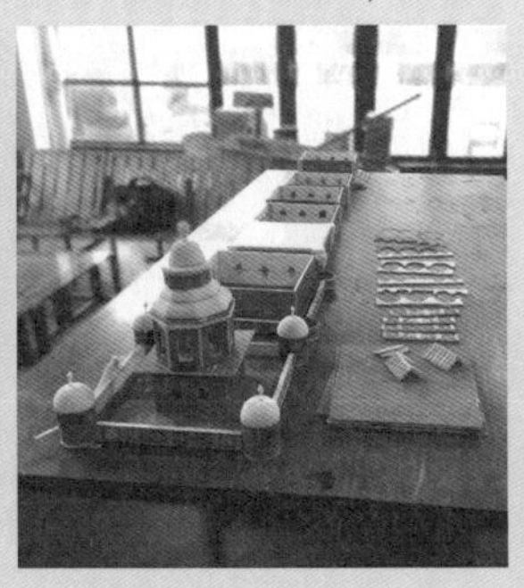

了寄谊楼外围的景观，并共同主体的细节部分，恢复了组员的士气(图 21-23)。

21	22
23	24

图 21 周边景观俯视图
图 22 周边景观侧视图
图 23 内庭院主入口
图 24“寄谊楼”正立面

6、制作总结：第一次制作建筑模型虽然存在诸多不足，但得到了老师的鼓励和同学的肯定，我们认为的不足之处如下：

(1) 由于我们事先缺少材料的选用，制作的步骤和时间的进度等方面的系统规划导致了后期制作时间的耽搁。

(2) 经验不足却忽略与老师和同学的及时交流。

(3) 成员想法很多，虽然有想法是好事，但从另一层面却体现出团队大方向的分散。

(4) 制作材料种类的局限以致使模型精致度的不足。

(5) 细节做得不够充分以至模型经不起细致地考究。

从中也让每一成员有了以下的收获，事前必须进行充分考虑和全面规划方可成就一件事。如，与他人交流的重要性，相互借鉴学习得以思维开阔；团队方向的一致才能促使团队力量的最大化；发散性思维对事情具有促进作用；细节决定成就的高低等。

7、已完成的作品欣赏（图 24-25）。

→
图 25“寄谊楼”后立面

小学生组制作过程：图 26-35

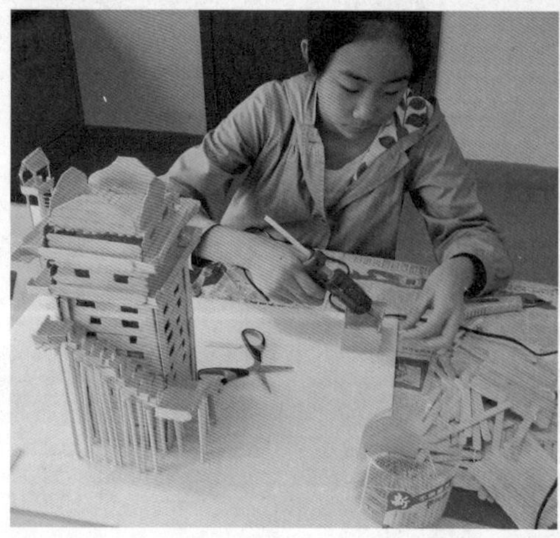

26	27
28	29
30	31

图 26 我的碉楼正在逐层加高
图 27 我的碉楼半成品出来啦
图 28 先把铁窗的窗洞做出来
图 29 我先把一些细节处理好
图 30 我的碉楼还要做一个瞭望台，用来观察敌人
图 31 作品（杨悦灵 8 岁）

三、课例总结

1．开平碉楼中西结合、形态特别而又风格各异，是一道奇特的建筑风景线，是开平人智慧的结晶，也是开平那段动乱历史的纪念物，是极珍贵的民居样式，是当前倡导生态建筑的一个例子，对学生培养环境保护意识和爱国教育有着重要的意义。

2．教师要对学生进行启发和引导，从开平碉楼的结构到形式，主体到细部装饰的好坏是评判作品是否成功的关键。

3．开平碉楼类型多样，学生必须选用什么样的类型后，才思考选用什么材料进行创作。

32 | 33
34 | 35

图 32 作品（邓淼予 11 岁）
图 33 作品（朱浩宇 10 岁）
图 34 作品（冯浩言 10 岁）
图 35 作品（王誉霖 9 岁）

陆、四合院

一、教学目的

四合院历史悠久，是中国民居的一种形式，是北方民居最为普遍的一种院落式住宅。最早四合院出现在商周时期，元代时作为主要的居住形式大规模地出现在北京及周边地区。明清时期，合院式作为中国民居的主要形式迅速发展。本课通过影像、图片以及文字资料展示中国四合院的建筑形式及雅致的院落空间，让同学们了解四合院的建筑艺术。

二、教学步骤

1. 专业导入

(1) 中国四合院的起源

四合院在《辞海》中是这样解释："住宅建筑式样之一，即上房之左右为厢房，对面为客房或下房，四面相对，形如口字，而中央空也，即天井也。其无对房者谓之三合式。"《中国古代建筑辞典》解释为："院的四面都有房屋叫四合院。无倒座或缺一面厢房，只有三面有房屋的，叫三合院。四合院式的布局，至迟在西周就已形成，一直沿袭至清代。"四合院的起源最早可以追溯到黄土高原的母系氏族社会时期，在陕西临潼姜寨的仰韶文化村落建筑遗址中，向心围合的思想已经初露端倪。河南偃师二里头发现的商代一号、二号宫殿遗址也说明这种围合形式已经存在。陕西岐山凤雏村周代建筑遗址是目前中国已知的最早的比较严整的四合院实例，被称为中国的"第一四合院"。汉代以后，儒学的正统地位逐步得到巩固，宋、明时期礼学的发展更使之深入人心。四合院在满足人们物质需求的同时，也迎合了人们的精神需求，解决了"昭穆""内外"等问题，历千年不衰。在儒礼文化的影响下，四合院成为中国古代民居的主要建筑形式。然而，同是四合院，江南水乡与黄土高原的又截然不同。但，中国四合院与西方的合院也大相径庭，宅中各类空间的用途差异显著，造成这些差别的原因除环境、气候等自然因素外，社会文化方面的因素也不容忽视（图 1-2）。

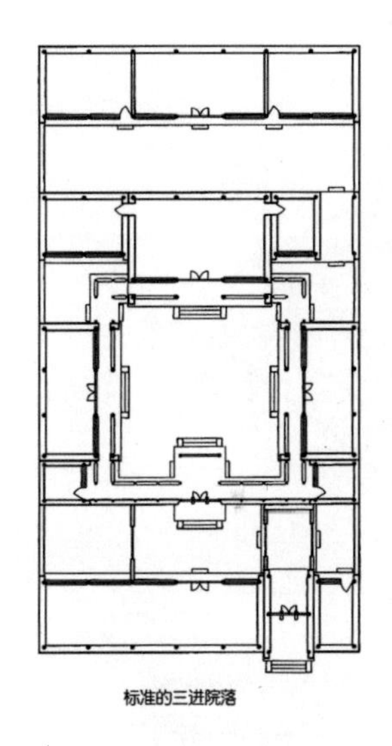

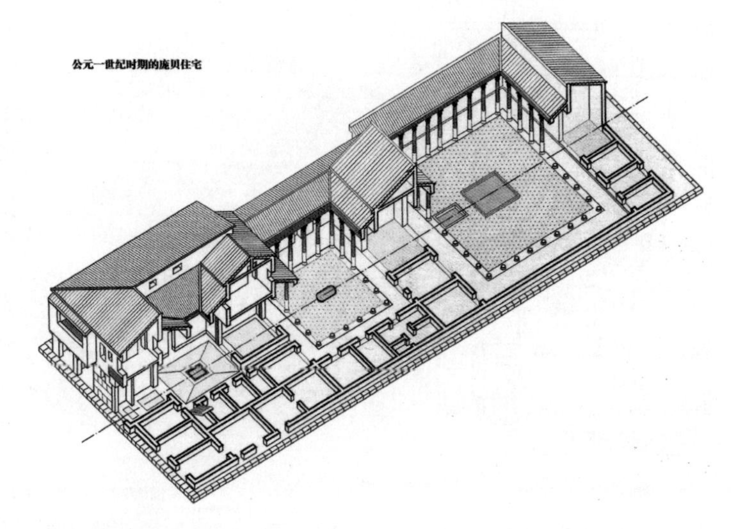

1 | 2

图 1 中国北方标准三进四合院平面示意图

图 2 西方合院（公元 1 世纪时期的庞贝住宅）

(2) 中国四合院的基本格局

中国四合院是以院为中心的组群建筑。“一进院落”是最基本的形式，由四面房子围合而成，院落的正房一般为三开间，两侧各有一间耳房，成三正两耳的五间式，也有的不足五间式的宽度，而是将两侧耳房各建成半间，称为“四破五”形式。正房南面两侧为东西厢房，各三间。正房对面是南房，也称倒座房，间数与正房相同（图 3）。如果没有倒座房，则称为“三合院”。二进、三进、四进等形式的四合院，是在一进院落的基础上的纵向扩展而成。一般来说，三进院落属于中型住宅，四进及以上院落属于大型住宅。如果在一座独立院落的一侧再加一排房子和一个院落，则形成一主一次的并列式院落（图 4），这是为了充分利用宅基地。在确定了主院的尺度和格局之后，将剩下的部分建成一个附属院落。如果并列式的院落大小相等或相近，则属于两组并列式，一般为大户人家所建，更大型的院落群则为三组或更多并列。并列式院落是属于横向发展的四合院形式。至于四合院的标准布局，一般以北京的三进四合院为典型。它一般宽五丈，长八丈，坐北朝南，临街而建，正门位于街道北面，临街五大间，开间每间一丈。从大门进入，迎面是砖雕影壁，紧贴着东屋的南山墙。影壁前面左拐是一个小门，进入是一丈见方的小院，其南边是三间厢房，西边有一个与东面对称的小门，经过小门进去是一天口井和南院的一间厢房，正对着南院的是通向中庭的垂花门，垂花门左右两边是溜墙，把居宅分为内外两个院落，隔开了南（外）院和北（内）院的厅房，内院有一丈多宽，长约三丈（图 5）。

由于我国各地气候、地形及风俗习惯不同，南、北方的四合院也各有差异，云南四合院的平面组合似一颗印章，称“一颗印”四合院（图 6）；徽州及江浙的四合院由多个小天井组成，称“四水归

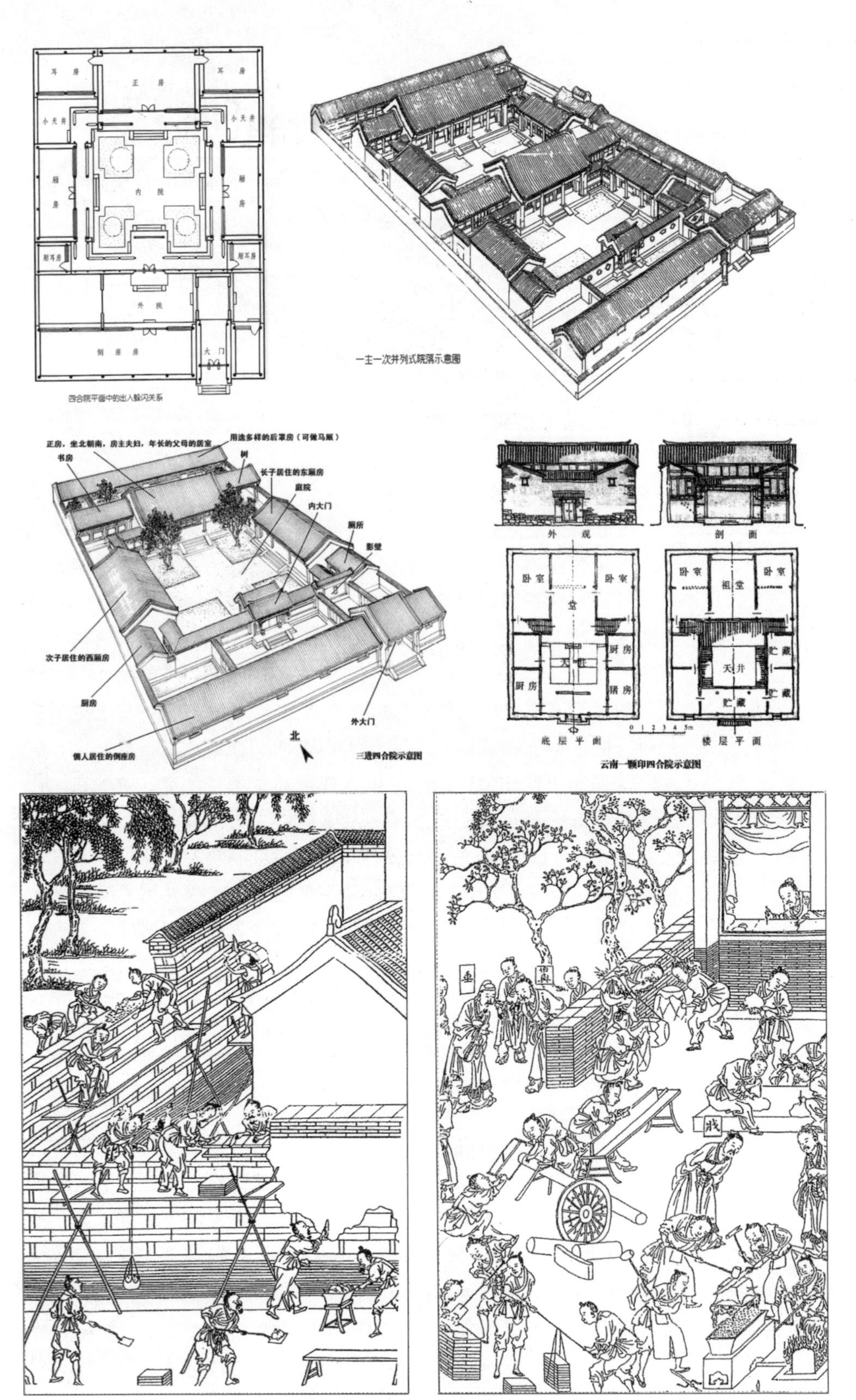

四合院平面中的出入躲闪关系

一主一次并列式院落示意图

三進四合院示意图

云南一颗印四合院示意图

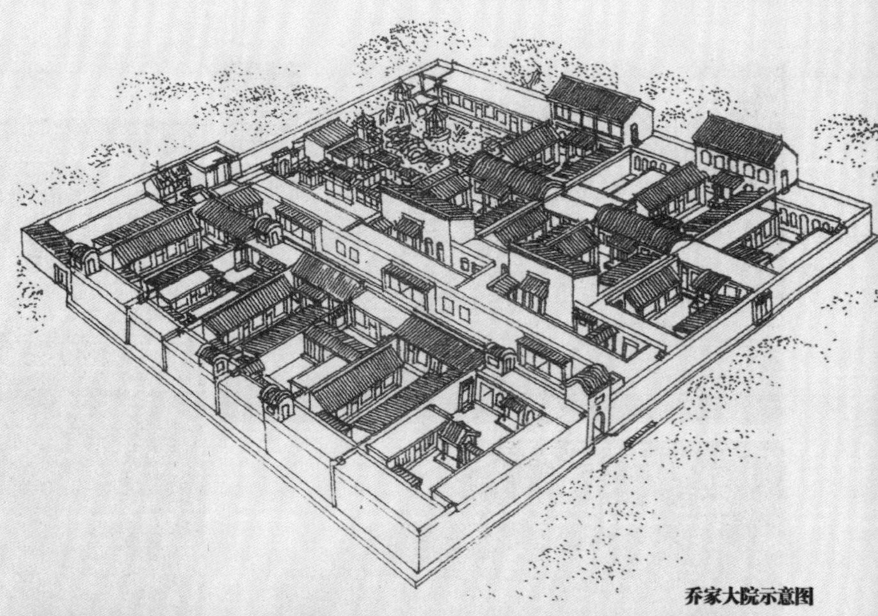
乔家大院示意图

图 8 乔家大院鸟瞰图
图 9 乔家大院的模型局部
图10 乔家大院大门
图11 乔家大院甬道

堂”；北京的四合院宽敞豁亮；晋、陕两地四合院比较狭窄，以庭院窄长为特征，长宽比例近于二比一，其形成原因是：一、遮阳避暑；二、防阻风沙；三、节约用地。院落地面方砖墁地，磨砖对缝，在砖缝中挂白灰、桐油和油灰，使地面平整耐用（图 7）。

（3）山西乔家大院

山西乔家大院位于山西省祁县东部的东观镇乔家堡村，坐落在村中心，三面临街，不与周边邻宅相连（图 8-9）。大门朝东，门屋上有顶楼，门上方悬挂着一横匾写着：“福种琅嬛”，顶楼之下拱门之上的门额嵌有“古风”二字。“琅嬛”是传说中的神仙洞府，琅嬛福地。“古风”则传达了主人的文化向往（图 10）。大院一进大门是一条宽 7 米，长 80 米，幽邃宁谧的东西甬道（图 11），沿着这条甬道，分别进入两边的 3 个院落：北侧 3 院始建于清乾隆二十年（1755 年），分东北院（老院）、西北院、书房院（现为花园）；南侧 3 院分东南院、西南院和新院。这 6 个大院内含 20 个小院，313 间房屋，占地面积 8724.8 平方米，建筑面积 3870 平方米。从鸟瞰图中可以看到乔家大院平面布局紧凑、对称，构图近似一个“喜喜”字，历经 160 年分四次修建、扩增而成。

3 四合院平面中的出入躲闪关系
4 一主一次并列式院落示意图
5 北京“三进四合院”示意图
6 云南“一颗印四合院”示意图
7 古代的院宅的营造图

清代乾隆年间，乔家堡的街巷布局和现在不同，从乔家大院大门至西端祠堂的甬道，清代是一条街，东北院与西北院之间，街巷交成十字路口。乾隆二十年（1755 年），乔家基业的创始人乔贵发在内蒙古包头市发家致富后衣锦还乡，在这个十字路口的东北角始建宅院。嘉庆初年（1796 年），乔贵发的三个儿子分家析产，三儿子乔全美在老院的西面，即十字路口东北角买了地，建起统楼院，又重新翻修东面的老宅，成为统楼院的偏院，这是乔家大院最早的院落，称为老院，即东北院（图 12）。同治初年（1862 年），乔全美的儿子乔致庸在两楼院隔街的南面买地，兴建了两座四合院，即东南院（图 13）和西南院。这样，四个院落正好占了十字路口的四个角。光绪二十四年（1898 年），乔致庸买断这两条街巷的占用权，堵住街巷的四个口，在东面盖大门，西面建祠堂，北面两院各自向南扩建了侧院。从此，四个大院相连成堡，形成了封闭的建筑群格局。1921 年，乔致庸的孙子在西南院（图 14）又建起一院，称为“新院”，格局与东南院相同，但装饰受到西洋风格的影响，有西式造型的窗户，并镶嵌玻璃彩绘。1938 年，日本入侵，乔家举家出走。乔家先后共有六代人在这里生活，历时 180 余年。

12/14 | 13

图 12 乔家大院东北院（统楼）
图 13 乔家大院东南院（正院门）
图 14 乔家大院西南院（大门）

→

图 15 东北院砖雕影壁

福德祠

乔家大院的东北院、西北院是三进五连环套院。院落东南面设大门，入门是东西狭长的外跨院，外跨院北设正院和偏院。正院是二进四合院，在两层的倒座上施垂花门，一进院正北是过厅，东西两侧各有三间厢房，二进院南北狭长，东西厢房各五间，正房是五开间的两层楼。正院东为偏院，也是二进院，有旁门与正院相通，南面的三个院是二进双通四合院。东南院和新院一样，进门是外偏院。跨院西北辟二门入正院。正院是一进，正南是主室，两侧厢房各五间。外偏院正南有门通偏院，偏院是三合院。西南院略不同，大门进入正院，正院近主室处有边门通偏院。乔家大院的诸院落是以四合院为基本模式，配以倒座、大门成为单进院，加上垂花门、过厅、外厢，组成纵深串联的二进院、三进院，再并联侧院，形成主院与跨院的横向组合，最终通过内外院的串联、正院和侧院的并联，构成网络交织的四合院落组群。每个院落以纵深轴线后部的正房为主体，正房是供神祖牌位、接待宾客和操办礼仪的地方。四合院的正房必须是单数，如果大小只够盖四间，就得“四破五”，盖成三间标准正房，两边各盖半间耳房。明朝时期午荣编的《鲁班经匠家镜》里，有“一间凶、二间如、三间吉、四间凶、五间吉、六间凶、七间吉、八间凶、九间吉”的说法，以阳数，即奇数为吉；以阴数，即偶数为凶。可见，乔家大院是一组很有讲究的四合院群。

乔家大院的装饰也是四合院装饰的代表。①砖雕影壁：乔家大院的砖雕影壁有两种，一是，门口的独立影壁，在距大门5米处，使门前形成一个缓冲先导空间，美化门口环境。门口的影壁设有基座，顶部墙帽起清水脊（元宝脊）覆筒瓦顶，中部影壁心是1.9米方形大型砖雕“百寿图”，四周刻万字纹，寓意“万寿无疆”。二是，位于厢房山墙上的影壁，如东北院东厢房山墙上的影壁，与土地祠合而为一。砖雕影壁中央嵌土地神龛，神龛四周是须弥山、九鹿和四狮图案，喻四时如意，路路通顺。檐下有“福德祠”砖雕匾，两侧楹联是“职司土府神明远，位到中宫德泽长”（图15）。②建筑石雕：乔家大院的建筑石雕集中在柱础、勾栏、门枕等部位。柱础多为方鼓式、瓜棱式，且刻有精细线刻图案（图16）。门枕石为方形，线刻图案（图17）。③建筑木雕：乔家大院建筑木雕主要分布在门罩、梁枋、门窗等部位。中国传统以中为贵，所以建筑木雕都集中在中轴线上，其中，正房和倒座的木雕级别最高。建筑石雕根据建筑构件的大小、形状，雕饰有葡萄、风铎、宝瓶、灯笼等。乔家大院梁

17
19

16 柱础石雕饰
17 门枕石
18 梁枋上的木雕“福禄寿三星”
19 屋檐转角龙头昂构件

枋上多饰龙头、麻叶头、几何纹，且为透雕，手法细腻，层次丰富（图18-19）。乔家大院的建筑木雕题材多为民间喜闻乐见的吉祥图案，如龙、狮、麒麟、凤凰等瑞祥动物形象以及牡丹、莲荷等植物图案，丰富多样，生动活泼。

2. 四合院模型制作过程

四合院组：路文月 20 岁、蒋淑贞 19 岁、梁岸琪 20 岁、邓琬璇 20 岁、范方莉 19 岁、汤依婷 19 岁

1、我们小组制作的是中国汉族传统三进制的合院式建筑——四合院。以 1:75 作为比例缩尺。制作初期，组员们对建筑模型制作的总体要求有了大致的掌握，且分别在资料的搜集、工具的熟悉和制作的过程进行了较为全面的熟悉和高效的分工，其中，包括图纸的收集和整理、比例的计算和敲定，材料的选购和裁切，进度的把控和记录等，对可能出现问题的预设和应急方案的明确制定，为往后搭建工作的顺展，得益于组员分工的细致落实（图 20）。

2、在制作的初步阶段，组员通过请教老师和共同商议确定了当期遇到的非技术性方向，如门窗是否镂空、窗纸的粘贴与否、点景物件的添置和瓦檐色彩的搭配等。在接下来的不断试错中，组员们更明确了建筑模型制作的其他方面的相关问题，如比例缩尺的选择对最终效果的影响、工作进度的规划对整体工作的帮助和制作过程的团队合作对模型制作的有效促进等。（图 21）。

图 20 把平面总图绘制在底部上
图 21 门窗采用镂空的方法制作
图 22 四合院模型主体建筑制作
图 23 四合院内庭院绿化制作

3、明确了以上的相关问题之后，组员们投入到构件的裁切和搭建的实践中。我们以原色木板作为四合院模型的主体材料，蓝灰色的瓦楞纸作屋檐。（图 22）。

4、主体建筑制作完成之后，我们小组准备给四合院周围添置绿化，以衬托主体，着重于制作材料的选取和色彩关系的处理。点景的组件我们也认真制作，经过前期对比例的精密计算，对组件的精确切割，使往后点景部件的制作有了更为顺利的进展（图 23）。

5、制作总结：第一次尝试进行模型的制作不免存在诸多不足，致使很多工作细节和最终效果与组员们的预期设想出现偏差。在工作细节上，体现在材料的准备不够充分、组员的分工可以更细致等；在最终效果上，表现在主体建筑物的精致度有待提高，模型的整体效果不够突出等。通过此次空间模型课程的制作实践，组员们对于模型制作的知识性和团队合作的重要性有了更为深刻的理解。

6、已完成的作品欣赏（图 24-27）。

24 25
26 27

图 24 四合院鸟瞰图
图 25 四合院后视图
图 26 内庭一角之 1
图 27 内庭一角之 2

三、课例总结

1. 四合院高低错落、通风采光、节能环保的设计理念，给设计师以借鉴。当今，很多现代建筑打着“节能环保”的旗号，但实际是更大的耗能，没有像四合院一样自然地利用通风采光设计。

2. 方方正正的四合院给人们一种严谨、有序的品质，建筑如人，要堂堂正正做人。四合院设置十分朴素，院内的不大的空地种植花木，让人感觉舒服，给现代住宅给予参考。

3. 四合院的装饰艺术形式多样，砖雕、木雕、石雕，题材丰富，给人对生活的热爱和对美好的向往，不像现代建筑只有“干巴巴”的四面墙。

4. 通过四合院的模型制作学习，让学生了解中国传统建筑的精华，认识中国传统建筑文化存在和传承的意义。

Chinese Modern Public Buildings Art
中国现代公共建筑艺术

柒、高铁客运站

一、教学目的

本课通过案例分析，让同学们了解现代高速铁路客运站的设计要求，了解其人性化设计及可持续轻轨建筑的发展，使同学们更认识现代高铁客运站的建筑设计。在城市轨道交通网络化越来越凸显的今天，高铁客运站已经不仅仅是一个供乘客和货运集散的公共交通建筑，而且还是一个城市中不可缺少的、代表城市形象的重要建筑之一。

二、教学步骤

1. 专业导入

“书同文，车同轨”，这是两千多年前秦王朝统一六国后的著名举措，按现代人的说法，这是一次信息领域和交通领域的革命。现代都市高速铁路的规划与建设是一个新的课题，也是一个热门的话题。尤其是经过全球性的金融危机后，我国经济迅速发展，现代都市高速铁路的规划与建设，无论从规模、技术、范围等方面，都走在世界前列。现代都市高速铁路作为一种全新的交通方式，虽然有它尚未完善的一面，但它的出现无疑将促进城市出行结构新的调整，使沿线城市之间在时空关系乃至社会生产、生活方式等方面都将发生深刻变化。同时也对城市交通系统也提出了更高的要求。

中国现代都市高速铁路客运站的设计有赖于各位同学提出更为完善的方案，如高速铁路站点在平面、立体上的一体化布局和站点空间的集约高效利用上，具体表现为交通枢纽内部空间布局模式趋向立体化、功能复合化，交通枢纽在功能上和景观上有机结合。截至 2009 年 8 月，中国已经建成现代化高铁客运站 109 座，在建的高铁客运站有 145 座，正在设计的高铁客运站有 310 座。从现在来看，中国高铁客运站的总体设计基本上做到了能力充足、功能完善、换乘便捷、节能环保、与地域文化有机结合。其中，北京、武汉、上海、广州的高铁客运站都与地铁、公交等交通方式相接驳，成为现代化城市的综合交通枢纽。

(1) 北京南站

北京南站（原名为永定门火车站）位于北京市丰台区永定门外车站路，是目前全世界最大的高铁客运站之一，有“亚洲第一火车站”之称。2008 年 8 月投入使用的北京南站，是集铁路、地铁、公交、出租车等多种运输方式为一体的大型综合交通枢纽，是中国目前比较现代化、使用先进技术较多、规模最大的现代高铁客运站。北京南站占地面积 49.92 万平方米，建筑面积 42 万平方米，主站房建筑面积 31 万平方米。在功能布局上，一改以往客运站的平面布局模式，采用上下 5 层的立体化布局模式，地上建筑 2 层，地下 3 层。从上到下依次为高架候车大厅（图 1）和高架环形车道、站台轨道层、地下换乘大厅、地铁 4 号线、地铁 14 号线。北京南站将地铁、公交等引入车站内部，较好地解决了车站与市内各种交通方式的换乘和地下空间的统筹利用等问题。在流线设计上，采用“上进下出”和“下进下出”相结合的流线设计方案,使车站内部各种流线较为顺畅。在建筑造型上，采用椭圆形的平面形式，借鉴天坛的建筑元素，使

图 1 北京南站高架候车大厅

北京南站既有京城地域文化的古典庄严，又体现了现代交通建筑的时代特征。

(2) 上海铁路虹桥站

上海铁路虹桥站位于上海西部，距市中心约 13 公里，占地 130 万平方米，是一个坐落在长江三角洲、面向全国的大型综合交通枢纽。虹桥站集高速铁路、民用航空、地铁、公交、出租车等多种交

通方式于一体，是上海市对内、对外交通的重要交汇点，具有运输组织与管理、中转换乘、多式联运、信息流通、辅助服务、带动周边城区发展六大功能。铁路虹桥站设有30个站台和30条线路，以高速铁路为主，兼顾城际铁路的综合配置。高铁上海虹桥站是集城

图2 上海虹桥站站台

际高速铁路（京沪、沪杭、沪宁）、航空、虹桥机场、城市轨道交通、城市地面公共交通、磁悬浮为一体的综合交通枢纽，整个交通枢纽集散客流量为48万人次/日。上海高铁虹桥站为地面车站（图2），地下将设轨道交通车站，旅客从高铁下车后可乘地铁进入上海市区。上海高铁虹桥站之所以建在虹桥机场附近，是想与机场接驳，将客流扩散到全国各地。通过虹桥交通枢纽把人流、物流聚集，然后扩散到长江三角洲，这有利于构建中国华东地区快速铁路客运网，提高交通运输效率，对长江三角洲的经济发展有着极为重要的意义。

(3) 广州南站

广州南站（又称石壁站、广州新客运站），位于广州市番禺区，距离广州市中心17公里。广州南站是广州重要的铁路客运枢纽，亦是铁道部规划的全国铁路四大客运中心之一。该车站是广深港高速铁路（南接）、武广客运专线（北接）、广珠城际轨道交通（南接）、广州—茂名铁路的交汇站，是武广客运专线的三个始发站之一，同时连接广州地铁2号线。车站共设有线路20条，客运站台10座，并预留广州、佛山、肇庆城际铁路的引入条件。

广州南站总建筑面积超过61.5万平方米，整体建筑主要包括四

个分区：主站房、无柱雨棚、高架车场（站台）、停车场。建筑主体结构共四层，包括地上三层和地下一层：地下一层是地铁的进出站厅，并且设有能提供1808个停车位的停车场；地上三层设有客运专线的高架旅客候车厅，高架候车大厅面积达71722平方米，另外还预留了面积达14694平方米的商业层。整个车站建筑总高度为50多米，中部有一个64米的大跨拱形结构，大型的透光拱形设计为站内提供了充足的光线。此外，车站屋顶安装了面积约2000平方米的太阳能 电池板，将太阳能转为电能后，直接为车站供电。

客运站整体规划充分考虑当地的生态环境，保留了原来山水的原貌，注重建筑造型与岭南水乡的特点相协调，美学元素与实用功能并重，客运站客厅的穹顶外形采用了形似芭蕉叶的造型（图3）。景观设计方面，设计师对原有铁道景观进行改造与保留，通过退让绿化带的形式，形成城市视觉通廊，再结合控制城市天际线，创造出独特的城市外部艺术景观（图4-5）。

3 | 4 / 5

图3 广州南站客厅穹顶外形的“芭蕉叶”造型
图4 广州南站的户外光观台
图5 广州南站的户外雕塑

广州南站的覆盖面积非常大，因此室内的采光问题尤为重要，如果过分依赖人工照明来获取光线将会产生巨大的经济开销，而且造成资源浪费，因此，广州南站对于自然光的引进可谓不遗余力。如顶层主要是候车厅，顶部的自然采光分为三种，一是在顶部的中央设置了巨大的曲面穹顶，通过钢结构网支撑，可以大面积引入自然光，大面积重复的几何图形给人们带来巨大的震撼（图6）；二是在“芭蕉叶”之间设置了一定的高差，形成的空隙便可以引入一定

20-28A

13 | 14

图 13 广州南站的旅客游憩空间
图 14 广州南站室内的植物配置

量的斜射自然光，使室内照明更均匀（图 7）；三是除了在顶部设置采光带外，还在其下设置白膜，让自然光不直射入室内，经过多次漫反射与折射来照亮室内空间，这样室内光线会更加柔和与亲切（图 8）。候车厅的四面采用透明的玻璃幕墙，让室内拥有足够的光照。月台部分采用开放式设计，一层的出站层，一般来说是无法从顶部引入自然光的，设计者采用在部分位置挖空盖上特制加厚玻璃的办法，让该层也能从顶部获得一定的自然光。广州南站很多地方都非常注重从顶部采光，且设计了大面积玻璃幕墙。由于广州南站建筑面积较大、穹顶跨度较长，因此使用钢筋混泥土结构大跨度悬挑的特点，如售票厅门前的钢结构悬挑设计（图 9）；一层出站台采用的钢结构大跨度悬挑设计，使室内获得大的旅客活动空间（图 10）；二层站台的立面用各种几何形构成，富有视觉效果（图 11）；三层候车厅的钢筋悬挑结构设计，让人们感受到现代机械科学的力量感（图 12）。还值得一提的是广州南站每一个角落设计始终注意要让旅客感到舒适放松，站内种植了很多植物，还设置了悠闲空间，让旅客感到如在家的亲切自然之感（图 13-14）。

(4) 武汉火车站

“黄鹤一去不复返，白云千载空悠悠”。武汉火车站于 2006 年建成，2009 年底启动。拥有 20 条铁轨线，11 座站台，武汉火车站整体运用黄鹤楼“千年鹤归”的建筑特色，有一种充满灵性的千年黄鹤，惊叹家乡的变化翩然而归之感。火车站中部以 60 米高的大屋顶高耸突出，昭示着武汉的崛起。九片大穹顶的屋檐同心排列，象征着武汉“九省通衡”的理念，其定位为华中陆港。武汉火车站分设东西广场，东广场为公交车及长途车站（图 15），西广场为景观休闲区。目前，中国的现代高铁客运站模式均为“等候式”，而国外有些高铁火车站则是“通过式”，即进即走。武汉高铁火车站的设计是

6
10
12

—

广州南站大跨度的穹顶
广州南站候车厅的自然光采光效果
广州南站利用漫反射和折射灯光来补足室内的光源
广州南站售票厅前钢结构的悬挑设计
一层出站层运用钢梁大跨度悬挑结构
二层站台的立面运用几何形构成的方法来设计造型
广州南站三层候车厅大跨度的悬挑结构

图 15 武汉火车站入口广场的九片巨型大穹顶的悬挑屋檐

等候式和通过式相结合的流线模式，采取“高架候车”，“上进下出”的方式。旅客可选择进候车室候车进站，也可直接由绿色通道进站。武汉高铁火车站是规划中的城市轨道交通 4 号线、5 号线的终点站，地下一层设站台层，乘客下火车后，不出站就可转乘地铁。武汉火车站为高架车站，站房主体三层，一层为地面架空层，二层为站台层，三层为候车层。一层聚散大厅，设置贯穿东西广场的东西步行轴线，方便旅客前往目的地。武汉火车站站房的地下空间形成连通东西广场的地下步行通道，连接核心区的地下通道，并且在地铁站线两侧布置地下商业区，满足旅客消费、购物的需求。

中国已建成的现代高铁车站有西安北站、成都东站、杭州东站等等，它们都各有自己的特色。

2. 高铁站模型制作过程

贵安高铁站组：陈志磊 20 岁、陈其权 19 岁、高俊桦 18 岁、程赋杰 20 岁、邓炳森 18 岁

1、我们小组制作是贵安高铁站，大型空间模型制作使得无论是对空间的把握还是细节的处理都有较高的难度，但我们组对贵安高铁站的结构和造型都有极高的兴趣（图 16-17）。

2、我们组采用的主要材料为 kt 板、卡纸、透明胶板、塑料管子等材料，这些材料轻便易得、易于操作的特点，使制作过程的难度得以降低，且有效地提高了制作模型的工作效率（图 18）。

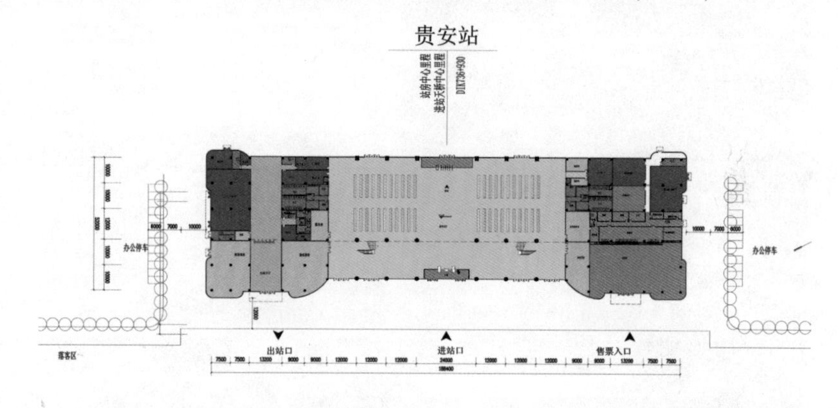

本层建筑面积:9340
总建筑面积:19965

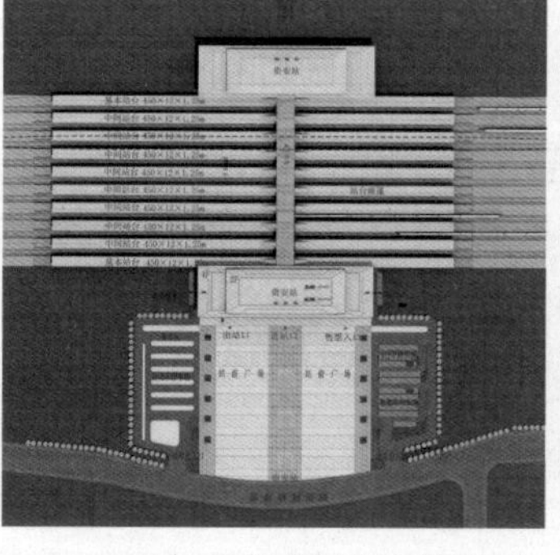

17
16 | 18

图 16 贵安高铁站总平面图
图 17 贵安高铁站二层平面图
图 18 模型制作用的主要材料

3、在分析图纸的基础上，从模型的底座开始着手，用铅笔在底板绘制出平面图。在老师的指导下，我们组把高铁站模型的主体色调定为白色，这也是我们最初确定的几个方向之一。随后，其他方面也逐一确定，包括材料选购、切割、拼接和调整的分工、模型的制作步骤和时间进度上的安排等，但同时也难以避免出现问题。如，资料搜集得不齐全，导致局部尺寸的偏差，细节考虑得不周导致整体效果和色调不统一等（图 19-23）。

4、为了防止模型的玩具化，我们避免了把模型制作得过于追求细节而忽略了整体，进而强调表现了模型的空间和形态，更多地考虑到模型整体的统一性、协调性、观赏性和实用性等（图 24）。

5、制作总结：难题逐步攻破使我们增加自信心，在此过程中我们获得了模型制作的方法、梳理了做事的步骤、提高了动手能力和锻炼了理性思维。这种团队协作的方式也使我们明确责任和懂得承担，让我们知道效率和质量的重要性。

6、已完成的作品欣赏（图 25-27）。

19	20
21	22
23	24

图 19 初步的大结构已搭建好了
图 20 站内车道制作 1
图 21 站内车道制作 2
图 22 站内车道制作 3
图 23 站内车道制作 4
图 24 候车厅周围绿化

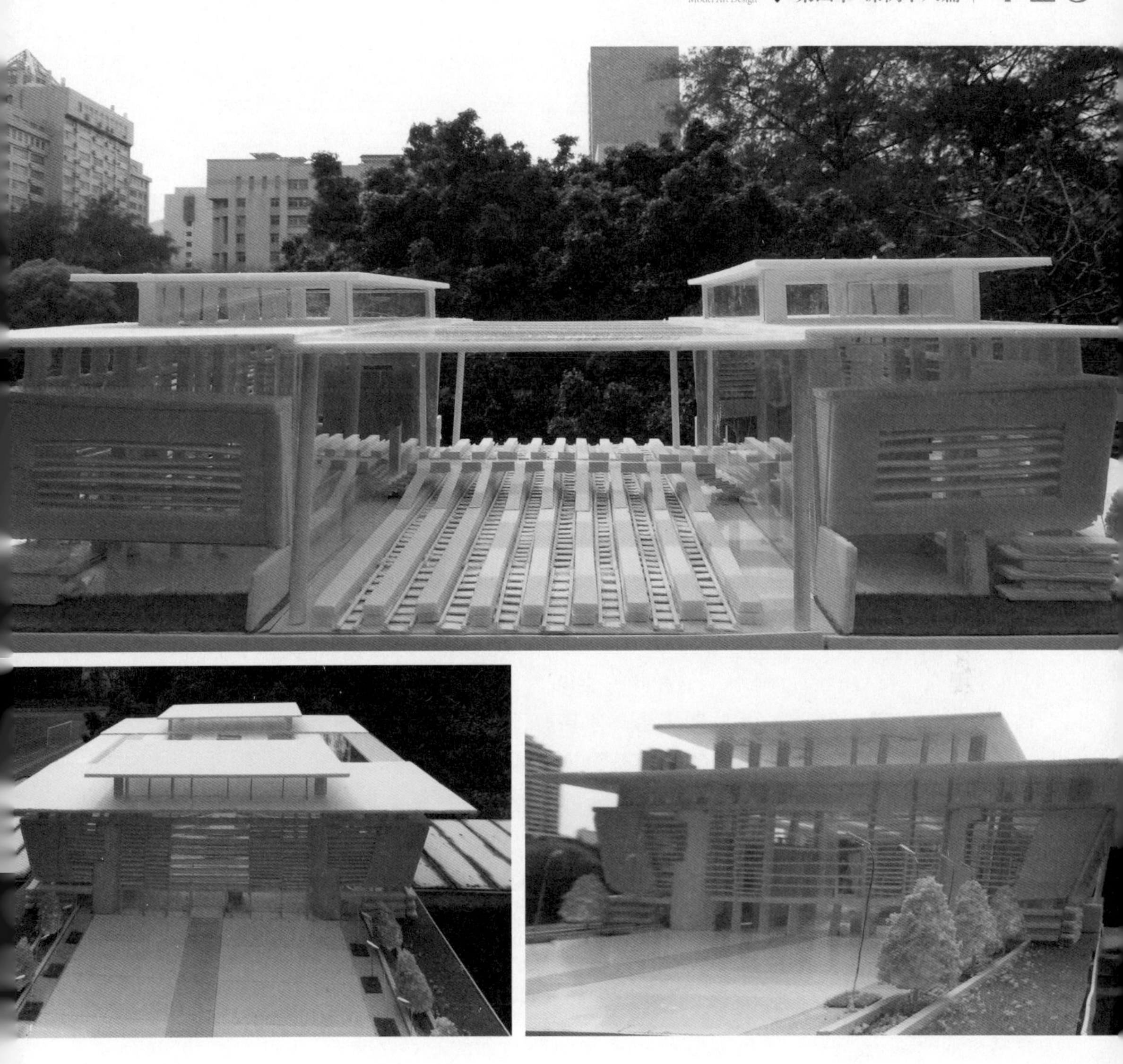

25
26 | 27

图 25 已完成的作品 1
图 26 已完成的作品 2
图 27 已完成的作品 3

三、课例总结

1. 本课是一个对学生有吸引力的课题，富有挑战性。高铁客运站的结构形式、装饰好坏是判别作品成功与否的关键；要启发学生，使其获取更多的专业知识，发挥潜能。

2. 通过对轻轨客运站的设计和模型制作，认识高铁客运站繁多的结构、复杂的设计技术和施工工艺，使学生对每块材料的运用进行仔细地思考，培养细心思考的习惯。

3．高铁客运站模型体现了学生们的创造能力，在空间组织能力和空间的想象能力方面得到了锻炼。

4. 培养团队合作的能力，学生在似懂非懂的状态下，把自己的理解发挥到淋漓尽致，模型形态的塑造是他们对其理解的表达。

捌、航空港航站

一、教学目的

本课主要介绍现代航空港航站的建筑造型和空间流线布局，从审美的角度导入，让同学们了解现代航空港航站设计的个性魅力。在对航空港有了一定的认识和了解后，学会进入初步模型创作，为日后从事设计工作打下审美基础。

二、教学步骤

1．专业导入

人类在征服自然的过程中，一直向往能像“飞鸟”一样在天空中自由地翱翔，并幻想着能飞上月球或其他星球，如，我国的“嫦娥一号”“神舟五号”“神舟六号”等就是例证。随着生产力的发展和生活水平的提高，人们对现代航空港航站的人性化设计要求越来越高，航空航站的现代化特色、时代特征、文化魅力已成为热门话题。航空已经成为21世纪最活跃和最有影响的科学技术领域，至目前为止，中国大大小小的航空港总站数达190多个，而且整体设计水平比以前进一步提高。现代航空港航站以市场为基础，结合航线布局与航班安排、空中交通管理及机场功能，同时考虑航空运输合理化、自然生态环境与国家区域发展战略等方面的技术问题和经济要求，合理规划航空站，与周围环境形成协调关系。现代航空港航站在整体设计上要求采用匀称柔和的曲线轮廓，外墙使用现代的装饰材料和个性化的色彩，采用积极向上的建筑造型。在平面设计上注重人流、物流、信息流的导向，做到人性化的规划，多层次地满足各种旅客的不同需求，提供一个高效、安全、方便的进出港流程和舒适的休息环境。

(1) 北京首都国际机场

北京首都国际机场位于北京市顺义区，距天安门广场25.35公里。平面呈“H”形，进出港主要入口朝西。首都机场拥有三座航站楼、三条跑道、两条4E级跑道、一条4F级跑道，以及旅客、货物处理设施的国际航站（图1-3）。机场原有东、西两条4E级双向跑道，长宽分别为3800×60米、3200×50米，并且装备有II类仪表着陆系统；其间为一号航站楼、二号航站楼（图 4）。2008 年建成的三号航站楼（图 5）和第三条跑道（3800 米 ×60 米，满足 F 类飞机的使用要求）位于机场东边。三号航站楼（T3）主楼由荷兰机场顾问公司（NACO）、英国诺曼·福斯特建筑事务所负责设计，是国内面积最大的单体航站建筑。其总建筑面积 98.6 万平方米，主楼建筑面积为 58 万余平方米，仅单层面积就达 18 万平方米，拥有地面五层和地下两层，由 T3C 主楼、T3D、T3E 国际候机廊和楼前交通系统组成。T3C 主楼一层为行李处理大厅、远机位候机大厅、国内国际 VIP；二层是旅客到达大厅、行李提取大厅、轨道交通站台（图 6）；三层为国内旅客出港大厅；四层为办票、餐饮大厅；五层为餐饮部分。三号航站楼共设有 C、D、E 三个功能区，C 区用于国内国际乘机手续办理、国内出发及国内国际行李提取。T3C（国内区）和 T3E（国际区）呈"人"字形对称，在南北方向上遥相呼应，中间由红色钢结构的 T3D 航站楼相连接。北京首都国际机场是中国最主要的国际机场和国内航空运输枢纽，航站在整体设计上采用匀称柔和的曲线轮廓造型，外墙装饰使用现代材料，内部空间设计丰富、装饰豪华，体现中国现代特征和深厚的文化底蕴。

1 | 2

图 1 首都机场总平面图
图 2 首都机场航站楼平面图

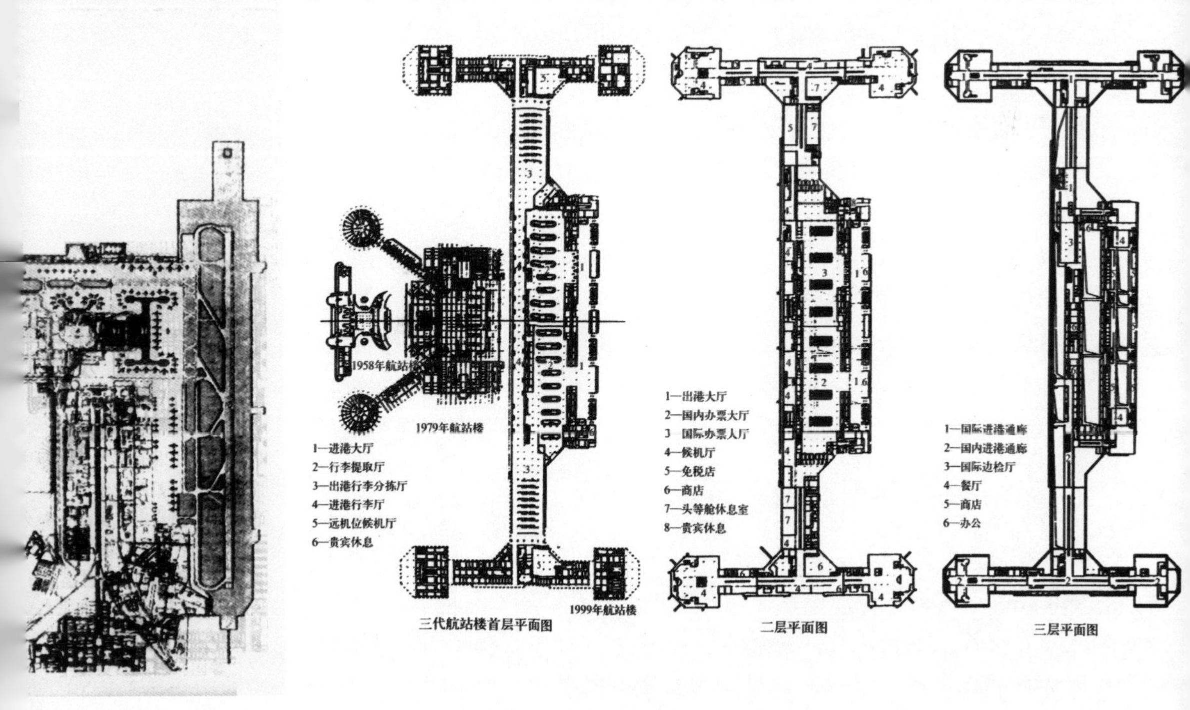

3 4
5 6

图 3 北京首都国际机场指挥塔
图 4 北京首都国际机场 T2 航站楼
图 5 北京首都国际机场 T3 号航站楼夜景
图 6 北京首都国际机场 3 号航站楼机场快轨站

(2) 上海浦东国际机场

上海浦东国际机场位于上海市浦东新区长江入海口南岸的滨海地带，距虹桥机场约 52 公里。航站楼由主楼和候机长廊两大部分组成，均为三层结构，由两条通道连接，面积达 28 万平米，到港行李输送带 13 条，登机桥 28 座。候机楼内的商业餐饮设施和其他出租服务设施面积达 6 万平方米。浦东国际机场航站楼是法国巴黎机场建设工程设计部和索德尚公司设计的“海鸥展翅”为母题，整个航站楼的平、剖面设计是典型的两层式布局，出发与到达的旅客被安排在不同的楼层上，流线互不干扰（图 7-10）。航站楼设计成海鸥展翅欲飞的活泼形象，给人强烈的震撼力。在外墙的装饰上使用现代技术与材料。设计师把“绿色”引入室内，营造了一个绿色的室内生态环境，使空间通透明亮，具有现代感（图 11）。在第二航站楼扩建工程的设计中，充分体现了“满足基地航空公司及其联盟中枢运作的需要”和“以人为本，最大限度方便旅客”的设计理念，无论是在流线型的设计、设施布局和环境，还是地面交通的换乘等方面，都符合枢纽运营的需要和人性化的要求。另外，按照“一体化航站楼”的理念，在 T1 和 T2 两个航站楼之间建了一个“一体化交通中心”（图 12-13），有轨道交通、长途汽车、公交车、出租车等站点，以及停车库、候车室等交通设施，并配备大量的行李柜台以及商业设施。一体化交通中心的设计很好地解决了集中式航站楼所带来的陆侧车道不足的问题，将出租车、大客车、专用车等车的停靠点设在紧靠航站楼的到达层车道边上，将所有出发层的公交车、出租车的停靠点设在出发车道边，方便旅客换乘。

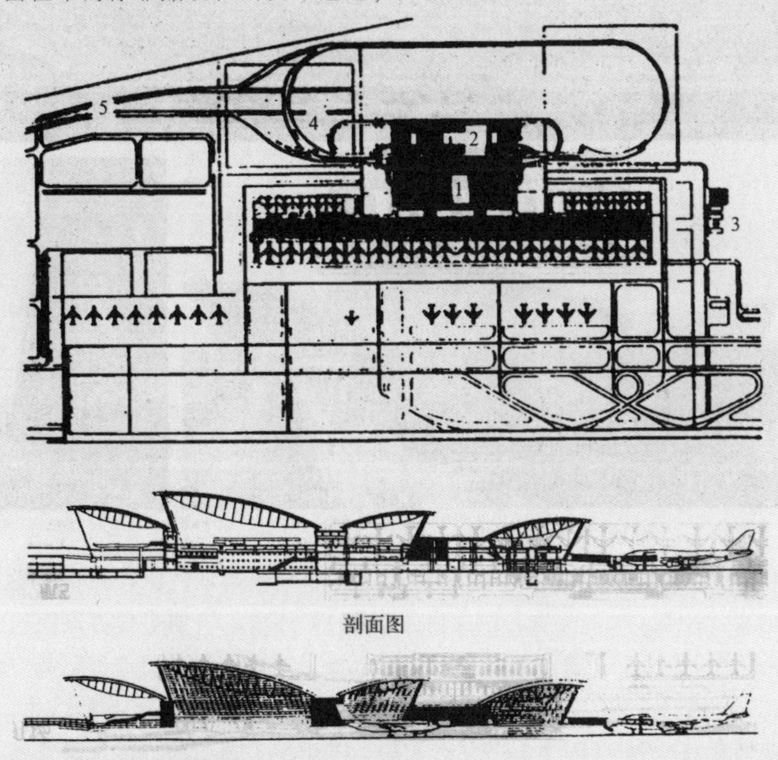

剖面图

北立面图

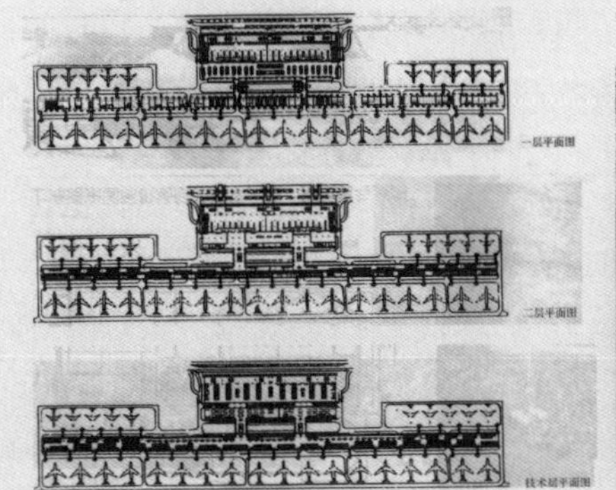

7 上海浦东国际机场航站楼平面图
8 上海浦东国际机场航站楼立面图 剖面图
9 上海浦东国际机场总体鸟瞰景观
10 上海浦东国际机场航空站平面图

11
13 | 12

图 11 上海浦东国际机场第二航站楼
图 12 上海浦东国际机场航站楼
图 13 上海浦东国际机场航站楼

(3) 广州新白云国际机场

广州新白云国际机场位于广州市北部的花都区，距广州市中心的直线距离约 28 公里，距原白云机场 18 公里。一期工程占地面积约为 15 平方公里。广州新白云国际机场是中国南部重要的国际航空枢纽（图 14-16）。航站楼由主楼、连接楼、指廊和高架连廊组成，总面积达 31 万平方米，共分为 4 层，其中地上第三层为出发及候机大厅，地上第二层为到达夹层，地上第一层为到达及接机大厅和商业层，负一层则通往地铁、停车场和机场酒店（图 17-20）。广州新白云国际机场一期航站楼建筑面积 30 多万平方米，可满足年旅客量 2500 万人次，高峰期每小时 9300 人次的需求，飞行区按 4E 标准（4E 级机场，指在标准条件下，可用跑道长度≥ 1800 米，能满足目前世界上各类大型民用飞机全重起降）。东跑道长 3800 米，宽 60 米，设二类进近着陆系统；西跑道长 3600 米，宽 45 米，设一类进近着陆系统。终端规划三条跑道，满足年旅客吞吐量 8000 万人次，货邮行 250 万吨。二期工程包括东南站坪扩建；东三、西三指廊扩建；

14
15

图 14 广州新白云机场的客机正在降落
图 15 广州新白云机场的客机正在上客

新建一座 30 万平方米的国际候机楼；新建一座年货运量 50 万吨的货运仓库等。广州新白云国际机场是中国大陆首个按照中枢理念设计建造的枢纽航空港，是目前中国规模较大、功能较为完善的现代化民用机场，也是中国连接世界各地的重要航空口岸。广州新白云国际机场设施设备先进，候机环境幽雅舒适，具备完善的现代化综合信息系统，引进了世界最先进的行李分拣系统和五级快速安检系统，有效保障机场的高效运作。

16	17
19	18
20	

图 16 广州新白云机
挥塔
图 17 广州新白云机
站楼的夹层通
图 18 广州新白云机
高架连廊
图 19 广州新白云机
候机厅人造景
图 20 广州新白云机
机大厅

2. 机场模型制作过程

华盛顿杜勒斯国际机场组：庄旭楠 19 岁、陈玉琳 19 岁、张伟杰 19 岁、陈钰倩19 岁、潘麒旭 19 岁

1、我们组经过讨论，确定华盛顿杜勒斯国际机场作为小组的作业，工作步骤首先是将机场模型从平面图到立体化的认识过程，由于我们已有一个现成的机场形态可作参考，所以，在此基础上作出的方案确定和工作落实就相对容易了。

2、模型制作需要工作台、剪刀、美工刀、U 胶、木板、KT 板、PVC 板、各类型尺子等材料和工具，同时，需要机场建筑的三视图及各构件的正投影视图。

3、制作初期，组员们共同研究图纸并开始制作模型初胚。模型初胚是用发泡塑料和 KT 板削切粘合而成，以呈现模型的基本形态(图 21-22)。

4、制作过程中我们运用了模板取型的方法，即限定模型的外型以保证模型的精确度。一般而言，模板大形主要有一个中轴线模板(从测试图取出)、一个模型侧沿模板（从顶视图取出）及若干个侧面模板（从正面视图取出)。

5、基座我们采用 1cm 的木板、底座则为 3cm 的泡沫板，机场候机室的柱子用段状的 KT 板表示，窗户则用蓝色的透明卡纸，加之手绘条纹以充当窗户。另外，原本候机室屋顶由柱子镂空进去，由于材料的缺失和经验的不足，我们放弃了这个原有的建筑特色，根据实际情况决定把屋顶直接安置在结构的上方。同时，我们运用图纸完成了侧面成型的过程，确定了机场侧面的曲面数据以此作为模型侧面形态的标准（图 23-25)。

6、机场主体建筑模型的大体制作完成后，组员开始着手机场的周边环境的营造。周边景观的呈现能烘托建筑的主题气氛，花坛和马路的设置相对易于操作，但需注意比例的协调和视觉的平整（图 25)。在完善组件的细节上进行了各材料之间拼接缝隙的填补、各式刮刀配合胶条进行的草皮修整等（图 26)。

21 | 22 | 23 | 24

21 机场候机楼基座和拱架已完成
22 开始制作一些配件
23 主体建筑制作已完成
24 配置小汽车以衬托主体建筑的体量

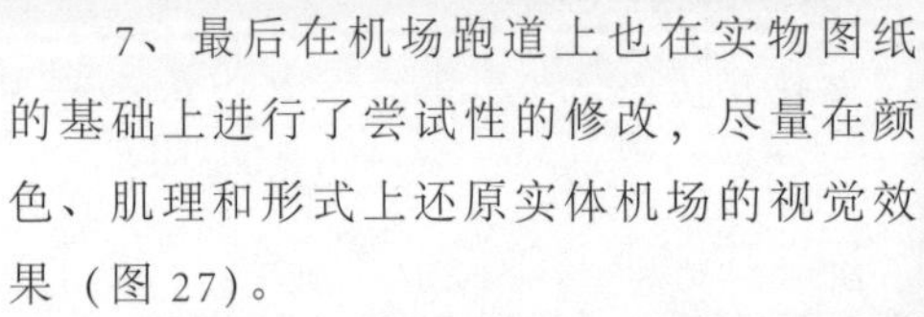

7、最后在机场跑道上也在实物图纸的基础上进行了尝试性的修改，尽量在颜色、肌理和形式上还原实体机场的视觉效果（图 27）。

8、制作总结：于从事建筑设计方向的人员而言，不仅要具备一定的专业理论知识和各种造型设计的表现技法，还要具有制作空间模型的实践能力，即善于将自己开阔的思路和富有创造性的构思具体化。通过这个课程，我们体会到了效率和质量两者的不可分割性，体现在制作过程中我们单向追求速度而导致成品的粗糙。此外，我们也体会到了团队合作的重要性，个人的思想毕竟狭隘，团队思维的碰撞就能摩擦出灵感的火花。

9、已完成的作品欣赏（图 28-30）。

25 | 26
27

图 25 各组件开面上的细节完善
图 26 周边景观营造
图 27 在颜色、肌理还原机场实体效果

三、课例总结

1. 现代航空港航站结构复杂，模型制作技术要求较高，所以要求学生必须多思考再制作。很多学生都坐过飞机，但对机场的深入了解才是第一次，所以对航站的空间设计都表现出了非凡的想象力。

2. 这次航空港模型课，看到同学们缺乏对结构规范的认识，甚至游离于现实，但创造性思维使他们的作品成为一件特别的艺术品。

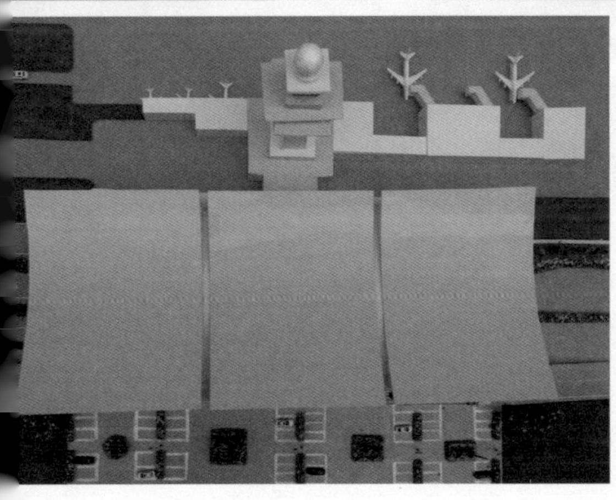

29
28 | 30

图 28 已完成的模型俯视图
图 29 已完成的模型侧视图
图 30 已完成的模型局部

1 | 2

图 1 广州南站铁路新客运站交通枢纽中心鸟瞰图

图 2 广州南站铁路新客运站交通枢纽中心各层人流输送通道

玖、交通枢纽中心

一、教学目的

本课通过对若干个现代城市交通枢纽中心的设计案例进行分析，介绍现代城市交通枢纽中心设计要遵循的原则和理念，以及对未来交通运输的可持续发展展望。让学生了解如何统筹资源、成本、交通设施等，以满足不断增长的客货运输要求，构筑现代城市交通枢纽中心，营造优美的综合交通系统环境。

二、教学步骤

1. 专业导入

中国改革开放 30 多年来，城市交通设施发生了巨大的变化，面对日益膨胀的汽车洪流，政府斥巨资大力建设现代交通枢纽，建成了“多层环路 + 放射状”的快速路系统。但面对日益增长的城际客、货运输，人们对现代交通枢纽中心设计的要求越来越高，如构建现代大都市大运量的多功能公交中心、紧凑集约的交通枢纽中心等（图 1-2）。在城镇，更注重基础设施建设的完善、整体形态结构和综合交通体系的协调以及节约资源。另外，城市交通建设还积极推行公交引导（TOD）的土地开发，积极推动区域绿地系统的完善和维护，如珠江三角地区不断加快城市的一体化建设，逐步完善对各大重要交通设施和城市交通枢纽的规划，发展绿色建筑和绿色市政，营造“绿色人居”（图 3-5）。

城市交通是以城市为基点，与外部联系的各类交通运输的总称，主要包括公路、铁路、航空和水运。各种运输方式构成相互补充和有机衔接的城市交通系统，是城市对外连接与发展的重要条件，也是城市的主要构成要素。城市交通线路和设施布局直接影响着城市

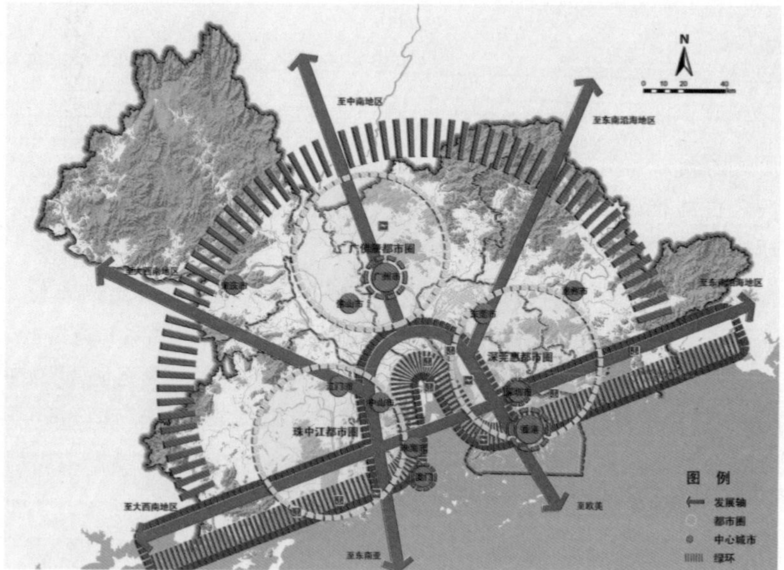

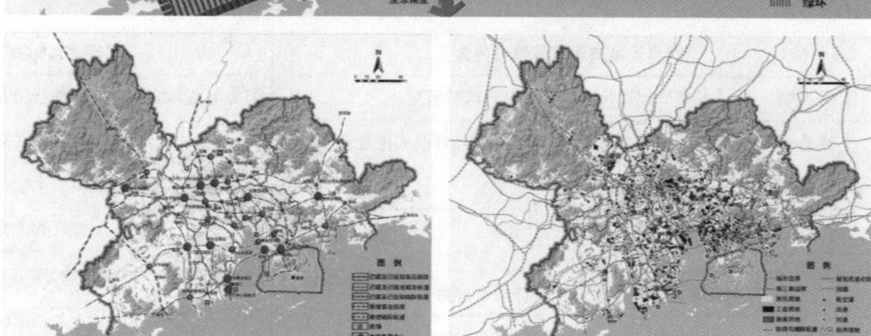

3
4 | 5

图 3 珠江三角洲一体化空间结构图（引自:《印发〈珠江三角洲城乡规划一体化规划（2009－2020年）〉的通知》）

图 4 珠江三角洲区域公交走廊与集聚中心图（引自:《印发〈珠江三角洲城乡规划一体化规划(2009－2020年)〉的通知》）

图 5 珠江三角洲各市、镇总体规划拼合图(引自:《印发〈珠江三角洲城乡规划一体化规划(2009－2020年)〉的通知》）

的发展方向和城市景观，是城市规划中的重要内容。各种运输方式具有如下特点：①公路运输机动灵活，能深入到城乡每个角落，是适应性最强的运输系统。在城市对外交通系统中，能够提供“面”的服务，也是其他对外交通运输方式的端点衔接运输形式，一般承担中短距离的运输，随着高速公路的建设，运输距离有逐渐增大的趋势。②铁路运输量大，一般不受季节、气候的影响，可保持常年正常运行。在城市对外交通系统中，提供“线”的服务，属于中长距离密集客流和大宗货物运输方式。近年来，随着铁路提速和城际列车的运行，短距离的铁路客运出行呈上升的趋势。③航空运输是速度最快的运输方式，最适宜远程运输，在城市对外交通系统中，提供“点”的服务，但受气象条件的影响较大。④水运具有运量大、成本低、投资少的特点。

下面介绍现代城市公路交通运输枢纽中心的设计：

公路客运站是公路旅客运输网络的节点，是为旅客和运输经营者提供站式服务的场所。其功能主要包括：①运输服务功能；②运输组织功能；③中转、换乘功能；④多式联运功能；⑤通信、信息功能；⑥辅助服务功能。公路客运站按其规模和服务特点有着不同形式的划分（如表 1-3）。

公路客运站选择地点的原则：①便于旅客集散和换乘，尽可能地节省旅客出行时间和费用；②与公路、城市道路、城市公交系统和其他运输方式的站场衔接良好，确保车辆流向合理，出入方便；③具备必要的工程、地质条件，方便与城市的公用工程网系（道路网、电力网、给排水网、排污网、通讯网等）的连接；④具备足够的场地、能满足车站建设需要，并有发展余地。现代城市的公路客运量大，常将公路客运站设在城市中心区的边缘，并在多个方向设置相应的客运站，日发客运量也按旅客发送量的不同而设置不同的级别（如表 4）。

表 1	公路客运站按车站规模可分为
① 等级站	具有一定规模，可按规定分级的车站
② 简易车站	以停车场为依托具有集散旅客、售票和停发客运班车功能的车站
③ 招呼站	公路沿线设立的旅客上落点

表 2	公路客运站按车站位置和特点可分为
①枢纽站	可为两种及两种以上交通方式提供旅客运输服务，且旅客在站内能实现自由换乘的车站
②口岸站	位于边境口岸城镇的车站
③停靠站	为方便城市旅客乘车，在市（城）区设立的具有候车设施和停车位，用于长途客运班车停靠、上下旅客的车站
④港湾站	道路旁具有候车标志、辅道和停车位的旅客上落点

表 3	公路客运站按车站服务方式可分为
①公用型车站	具有独立法人地位，自主经营，独立核算，全方位为客运经营者和旅客提供站务服务的车站
②自用型车站	隶属于运输企业、主要为自有客车和与本企业有运输协议的经营者提供站务服务的车站

表 4 公路客运站日发客运量要求

级别	设计年度平均日旅客发送量（人次/日）	相关说明
一级站	〉10000	地级以上政府所在地如无符合日发客量要求的车站，可选取一个日发量大于 5000 人次具有代表性的车站
	〉3000	国家级旅游区或二类边境口岸
二级站	5000~10000	县级以上政府所在地如无符合日发客量要求的车站，可选取一个日发量大于 3000 人次具有代表性的车站
	〉2000	省级旅游区或一类边境口岸
三级站	2000~5000	
四级站	300~2000	
五级站	〈300	

(1) 深圳竹子林交通换乘枢纽中心

深圳竹子林交通换乘枢纽中心位于南山区与福田区的相邻地段，周边有广深高速公路、滨海大道、深南路、侨城东路等交通干道（图 6-7）。随着罗湖口岸的长途汽车客运站迁至竹子林地区后，为满足深圳市东西组团常规公交内部区间换乘的需要，深圳市在竹子林区设立地铁主要换乘站，集长途客运站、公交、地铁及大型交通换乘枢纽于一体。竹子林交通换乘枢纽东侧保留原有福田汽车站（图 8），作为综合交通枢纽的辅助功能区，南侧保留了与市政隔离的绿化空间，西侧预留城市绿化用地，为内部交通组织发展留有余地，北侧为交通枢纽中心的站前广场，起到强化景观的标志性作用。交通枢组中心运用“点”、“线”结合，及“点的切入”方法设计。近期工程采用“点”、“线”的结合模式：长途交通进出线路主要由广深高速公路通过立交匝道这一交通节点在交通枢纽中心南侧组织完成；在交通量不饱和的前提下，常规公交利用周边城市道路进行线型的交通组织。远期工程采用“点的切入”模式：常规公交通过设置专用匝道接口，减少公交的进出站线路对深南路及城市交通的影响。在内部分区交通及交通组织上，建立长途、公交、的士及社会车辆相对独立的交通功能区域及流线体系，避免各类交通的混行交叉干扰。常规公交以深南路及深滨一路为综合交通枢纽主要进出方向，并在其西侧进行场站内部交通组织；长途客运以交通枢纽南侧的白石洲路为主要进出方向，并在其南侧通过东面立交匝道向高速公路和快速干道发散。深圳竹子林交通换乘枢纽中心在平面和空间上设置相互独立的功能区，实现了无缝接驳、以人行优先组织交通、水平及竖向交通人车分流和管道化的接驳换乘（图9）。

(2) 深圳市罗湖口岸火车站交通枢纽中心

罗湖火车站是深圳市的铁路客运中心。罗湖口岸火车站交通枢纽中心是深圳市最大的人流集散地（图10-11）。罗湖口岸是中国过境旅客最多的陆路客运口岸之一，高峰期人流量超过40万人/日。罗湖地铁站设计成“两岛一侧”和地下三层的格局，将联检广场设为换乘的枢纽，各种交通方式以其为轴心环状布局，利于换乘。罗

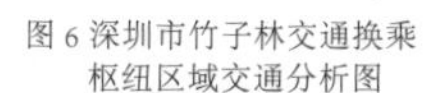
图6 深圳市竹子林交通换乘枢纽区域交通分析图

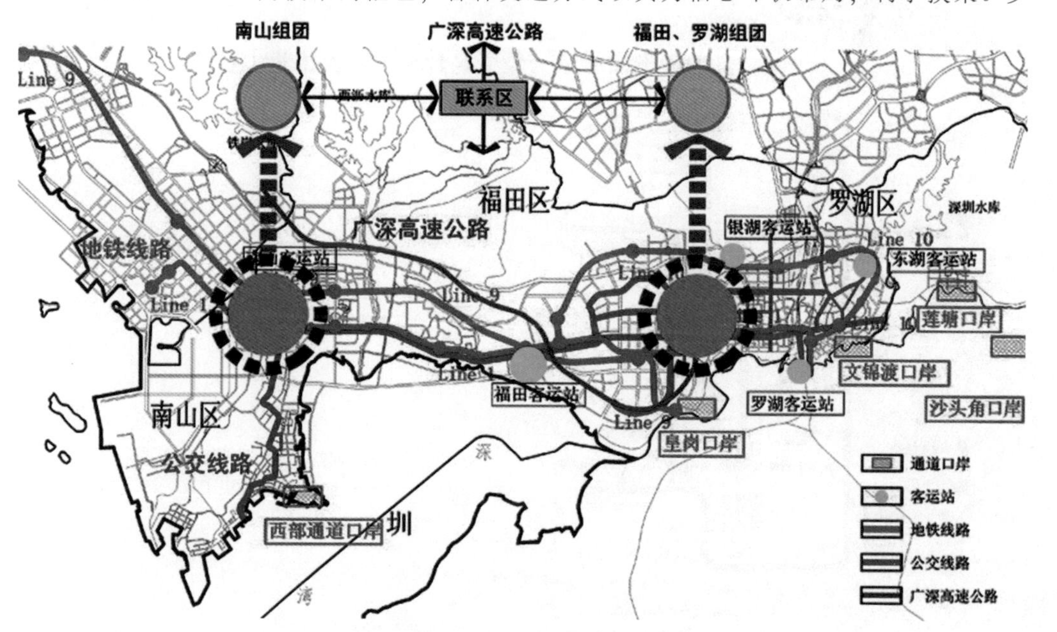

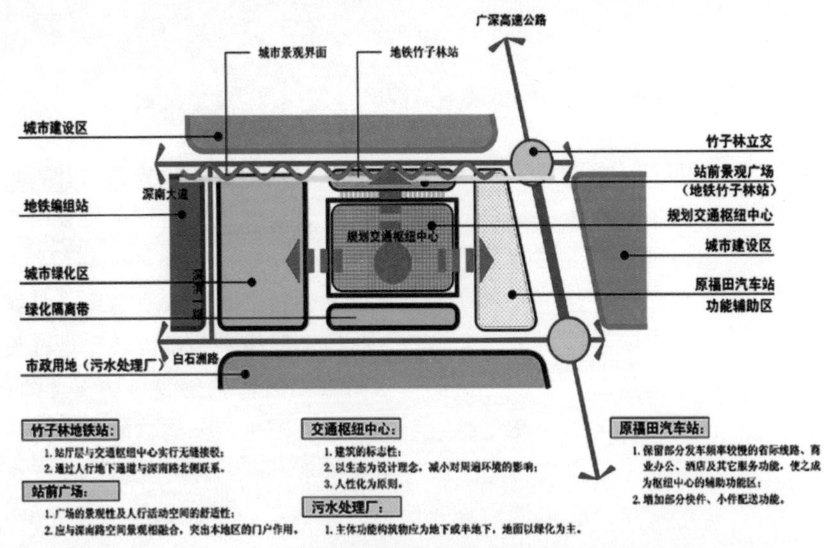

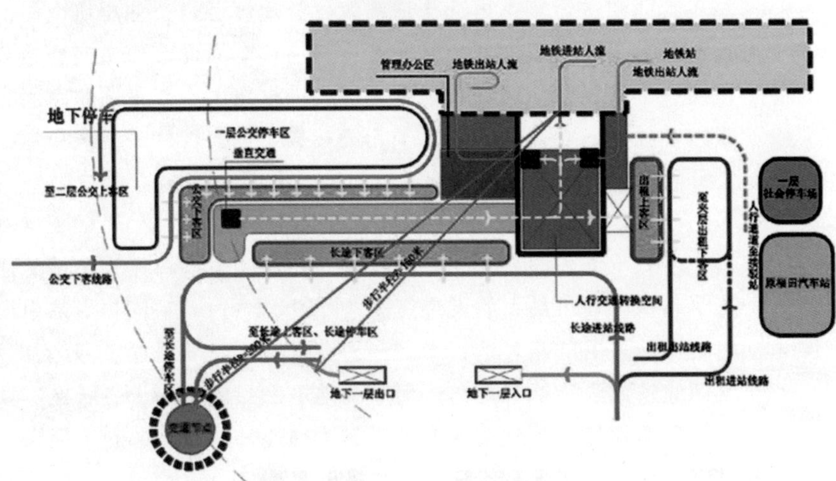

一层平面示意--公交、长途下客及出租上客区

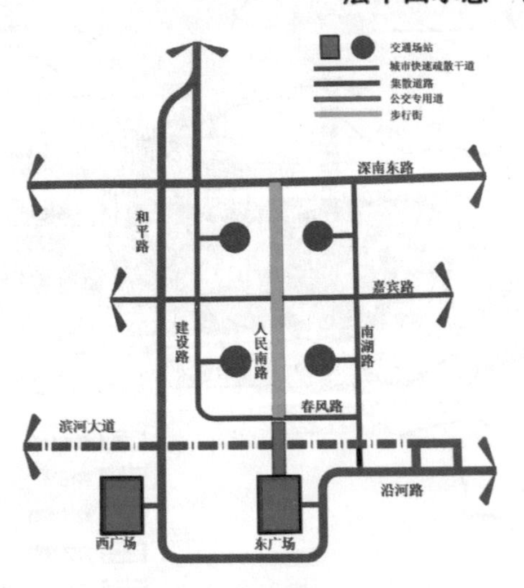

深圳罗湖口岸及火车站地区周边交通组织示意图

7
9
10

图 7 深圳市竹子林交通换乘枢纽用地功能结构分析图

图 9 深圳市竹子林交通换乘枢纽一层平面结构分析图

图 10 深圳罗湖口岸及火车站地区周边交通组织示意图

图 8 福田汽车站外立面图

湖交通枢纽中心根据人流和车流集聚的特点，通过竖向分层与平面分区的设计手法对有限的空间资源进行有效分配，确保了口岸地区交通集散的安全，提高了场所的舒适度和高效性，改变了原来该地区较为混乱的交通秩序。合理配置交通资源，优化地区路网结构，明确道路功能，是完善交通枢纽快速集散的有效途径。罗湖交通枢纽中心在城市景观设计方面，保留原有的古榕树作为城市的历史标志，设计了下沉式广场、室内人行交通层和景观轴线平台等特征显著的场所，形成了独特的城市景观（图 12）。

随着中国经济的迅速发展，现代城市交通发展面临着一系列挑战，如私家车的普及带来的道路交通堵塞已由城市中心区向郊区、片区道路转移。在大城市内部，建设快速路和大立交并不能有效地缓解交通堵塞，应优先建设集约型和节约型交通设施，放慢高速公路、快速路、大立交建设速度，鼓励居民选用绿色交通方式，倡导交通与土地利用的协调发展，减少交通能耗和污染排放，构筑人性化的优质交通环境。

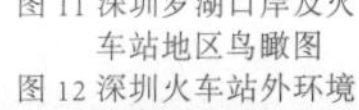
11 | 12

图 11 深圳罗湖口岸及火车站地区鸟瞰图
图 12 深圳火车站外环境

2. 交通枢纽中心模型制作过程

里昂机场客运站组：谢榕榕 19 岁、颜立成 18 岁、钟少兵 22 岁、晓桐 18 岁、卓怡君 21 岁

1、里昂机场客运站建筑外部造型来源于自然界小鸟的形状，里面的结构模仿人体的各种曲线，再抽象简化为建筑的结构，使整个建筑好像与地表成为有机生命的整体，客运站卓然而立却又与周围环境和谐地融为一体。我们组被里昂机场客运站的新颖造型和精美的细节吸引住了，所以，我们一致通过把该建筑作为我组的空间模型实践作业。大家在收集资料的过程中，对里昂机场客运站有了更深入的了解和对模型制作步骤更细致的考虑。

2、制作之初，我们组讨论确定了该模型的主要材料为铁丝、KT板和塑料管。材料购置完毕后，我们开始制定严谨的制作规则，如把测量的数据精确到 0.5 毫米，为了框架的视觉效果，把喷漆上色代替颜料涂刷，同时，为了提高作品的精致度，避免出现大量多余的胶丝，我们使用 U 胶代替电热胶等。

3、绘制平面：开始制作先在底板上画出总平面图，经营好主体和隧道的位置，然后对底座、隧道以及建筑主体进行分组制作。

4、主体建筑：对于主体建筑的制作，我们采用了较粗的铁丝作

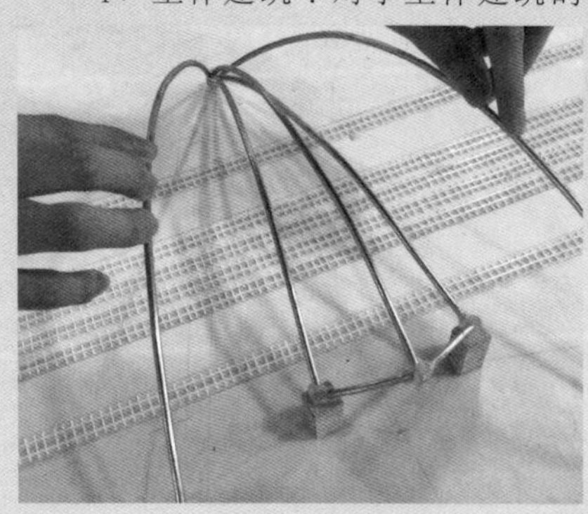
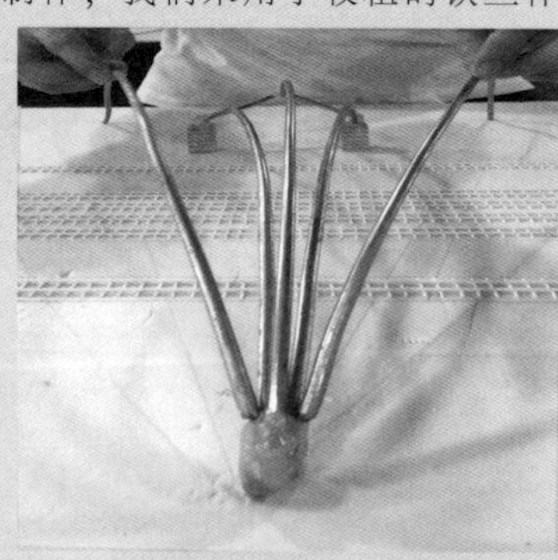

13	14
15	16

图 13 用较粗的铁丝作骨架 1
图 14 用较粗的铁丝作骨架 2
图 15 用铁丝粘结铁丝进行定型
图 16 主骨架用黑色喷漆统一色调

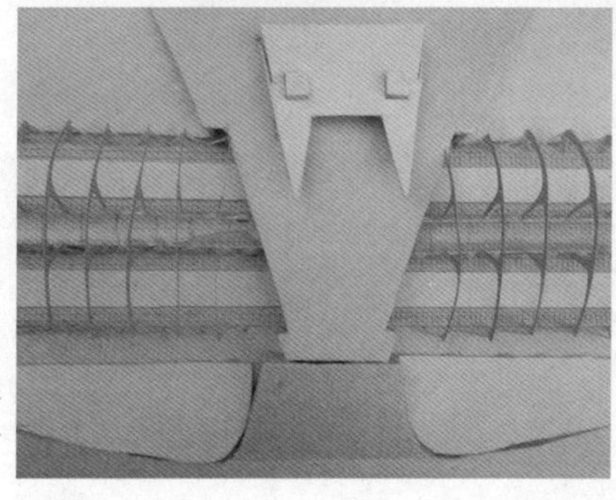

17
18 | 19
20

图 17 搭建顶棚
图 18 铺建火车轨道 1
图 19 铺建火车轨道 2
图 20 铺建火车轨道俯视图

为结构骨架，首先是对铁丝进行测量并裁剪，随后将裁剪好的铁丝进行弯曲，用胶水把处理好的铁丝粘合搭起牢固的主结构框架(图 13-16)。在主框架的基础上，用塑料管搭起副框架及装饰结构，最后用黑色喷漆对整个结构进行色调上的统一。

5、隧道制作：我们在总平面图的基础上，用塑料管裁剪好后铺建火车轨道，然后把 KT 板裁切成规定的形状，用于搭建墙体及顶棚的结构（图 17-20）。

6、总体而言，我们组制作里昂机场客运站的建筑主体为网壳结构在减轻自重的同时，在光线的映照下形成了迷离的几何光影效果，给人带来视觉上奇妙的美学体验（图 21-22）。

7、已完成的作品欣赏（图 23-27）。

21 | 22

图 21 光线映照下的网壳结构 1
图 22 光线映照下的网壳结构 2

图 27 已完成作品 5

三、课例总结

1. 现代城市交通枢纽中心设计涉及各种交通工具的结合和集散功能的设计，难度较大，对学生来说是一个新的挑战，但是开拓了他们的思维。

2. 在课堂上要给学生倡导交通与土地利用及协调发展的理念。现代城市交通枢纽中心设计的目的是方便居民出行，缩短出行距离，减少交通能耗和污染排放，构筑人性化的优质交通景观环境，对学生以后的成长和对社会环境的关心有很大的影响。

3. 现代城市交通枢纽中心结构繁复，要求学生必须对每块材料的运用进行思考后再制作。模型制作是二维到三维的转变过程，对学生的动手能力有一定的提高。

4. 本课例让学生开阔了思维，从实用、理性入手引导，有些作品还是缺乏规矩的结构，有的甚至脱离实际，有的往单一的方向发展，有的作品只做成一座客运站，但学生们的思维方式却被打开了。

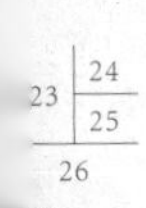

图 23 已完成作品 1
图 24 已完成作品 2
图 25 已完成作品 3
图 26 已完成作品 4

Chinese and Foreign Modern Architecture Art
中外现代建筑艺术

拾、世博会与展览馆

一、教学目的

2010 年上海世博会的建筑艺术是学生们感兴趣的话题。是各国展馆的建筑造型及环境艺术设计的完美结合，如建筑材料和形式与周围环境的协调配合，以及绿化地形式的设计。学生们对各国所用的环保材料、设计灵感、参展主题都觉得非常神秘。本课以手绘草图和制作模型的方式来引导学生，以展馆的艺术空间切入教学。通过本课学习，让学生了解世博会展览馆的形式，了解建筑结构与周围环境艺术的结合，关注形式与结构的互动性。在设计中引导学生如何选用材料，学会建筑与自然结合的设计方法。

二、教学步骤

1. 教学导入

今天，我们来了解一下世博会的历史以及 2010 年上海世界博览会各国展馆的艺术特点。世界博览会又称国际博览会(WorldExhibition or Exposition，简称 WorldExpo)，简称世博会，至今已有 159 年的历史，它是一项由国家政府主办的国际性博览活动，主要展示各国文化、科技上的成果。世博会分为综合性展览和专业性展览，专业性展览举办时间不定，综合性展览每 5 年举办一次，每一次展览都有新的建筑类型出现。如 1851 年英国伦敦世博会展示了一座名为“水晶宫”的展览馆,采用“装配花房”的方法设计，用铁、木、玻璃三种材料，钢铁作构架，仅用 9 个月的时间就完成了。整座建筑没有多余的装饰，表现钢铁新材料的运用，开辟了钢铁结构建筑形式的新纪元（图 1-2）。1889 年的法国巴黎世博会展示了埃菲尔铁塔，成为工业革命时代的重要象征（图 3-4）。2010 年的中国上海世博会，主题为“城市，让生活更美好”(Better City Better Life)，表示人类社会已经迈入城市时代，各个国家不仅是角逐科技、创意和艺术，还表现在建筑与环境艺术方面的竞争。1800 年，全球只有 2% 的城镇化率，1900 年上升到 13%，到 2007 年，全世界已有 67 亿人居住在城市，城镇化率超过全球总人口的一半以上。下面我们来认识上海世博会各馆的建筑与环境艺术。

图 1 1851 年世博会英国伦敦“水晶宫”
图 2 “水晶宫”内部展示
图 3 1889 年世博会法国巴黎的埃菲尔铁塔
图 4 巴黎埃菲尔铁塔

(1) 中国馆

参展主题：东方之冠，鼎盛中华，天下粮仓，富庶百姓
展馆类型：自建馆
展馆位置：A 片区
展馆面积：1300 平方米
建筑面积：三层，15000 平方米
设计亮点：根据汉字“华”的形象元素设计而成
设 计 师：何镜堂

图 5 中国馆
图 6 中国馆景观水体

中国馆分国家馆与地区馆两区，西侧、北侧和东侧为地面两层的地区馆，南侧为中华广场，形成呈南北向主轴。国家馆内用最新的科技手法展示了中国传统文化，其中巨幅动画的“清明上河图”最为醒目，还展示了传统的拱桥、庭院、园林等。“水”作为中国馆环境艺术设计的元素，是对全球水资源紧缺问题的重视，也是人与自然环境和谐相处的呼吁。国家馆为钢框架结构，中间用四个 68 米高的混凝土核心筒承重，每个核心筒截面为 18.6×18.6 米，屋顶边长为 138×138 米。从 33.75 米高起，采用 20 根巨型钢斜撑起悬挑的钢屋盖（图 5-6）。

(2) 印度馆

参展主题：城市与和谐

展馆类型：自建馆

展馆位置：A 片区

占地面积：4000 平方米

设计亮点："万象和谐"

设计团队：Hindustan Thompson Associates Pvt. Ltd 旗下 Design-C 团队

印度馆的设计灵感来自印度古老的"窣堵波"建筑形式，颇具民族特色。即中间为半球形的建筑物，四周被一圈建筑包围。半球体象征天宇，单纯浑朴，完整统一。中央穹顶覆盖着各种草木，如绿色中缀有赤红色的铜质树形。四周是赤红色外墙，用花卉装饰，分区细密，与中央半球体形成对比，烘托出主体建筑的庄严隆重。所用建材大部分是可再生和低能耗的，突出"城市和谐"的中心主题。如参观者来到中央穹顶，将被绿色的香草及各种植物围绕。由竹子编制成的天花板具有吸音效果，中央穹顶和场馆四周围墙上都种植花卉，让参观者感受人与自然景观四维的互动（图 7-8）。

7 | 8

图 7 印度馆外墙绿化

图 8 印度馆穹顶绿化

(3) 印度尼西亚馆

参展主题：生态多样化城市

展馆类型：自建馆

展馆位置：B 片区

占地面积：4000 平方米

设计亮点：地方生态设计

设计团队：Budi Lim

印度尼西亚馆以"生态多样化城市"为主题，展示印尼文化、生活方式以及人与自然的和谐相处。展馆采用印尼传统建筑材料——竹子，辅以棕榈、橡木。展馆的地板用边料竹板嵌合而成，建筑墙面用竹制花钵串联覆盖，精细巧妙地展现环保理念，回应上海世博会“城市，让生活更美好”的主题。展馆用四种颜色来区别四个展区：①开放式的休闲区用橙色作主调，点缀数条传统船只和巨型沙滩遮阳伞，让人仿佛置身热带岛屿之中；②农耕生态区用青色作主调，17 米高的水幕地图是景观的中心，地图会随人们观看地点不同而呈现不同的景观效果；③地区文化区用蓝色作主调，展出印尼的历史、人文和艺术瑰宝；④现代城市区用粉红色作主调，展示印尼现代城市发展、变化的面貌。印尼馆有四层，展示区内有舞台、礼堂、多媒体剧院等。参观路线由一条 600 米长的通道贯穿，建筑与环境艺术密切结合（图 9-10）。

10 | 9

图 9 印尼馆外墙种竹子
图 10 印尼馆装饰

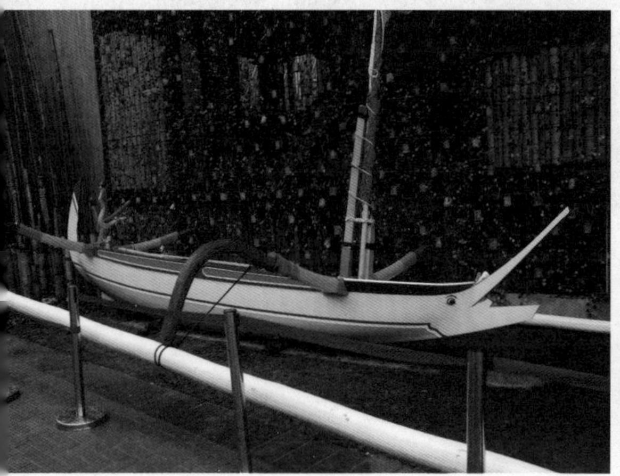

(4) 新西兰馆

参展主题：自然之城，生活在天与地之间
展馆类型：自建馆
展馆位置：B 片区
占地面积：2000 平方米
设计亮点：景观自然设计
设计团队：Coffey 项目公司
建筑设计：Warren and Mahoney

新西兰馆从外形上看像一个梯形，前低后高。设计灵感来自丁毛利人的创世纪神话传说，天空之父与大地之母曾紧密地靠在一起，连光线都无法穿透他们，只有森林之神（也是人类之神）Tane 才能做到，他创造了光明的世界，人类在新的世界里繁衍。

参观者经过迎宾区后，顺着坡度一直走入展馆后端，走进一条长达 150 米的多媒体长廊，两侧展示了新西兰的风土人情、地理地貌，讲述新西兰人从黎明到黄昏的生活、从儿童到成人的故事。这

图 11 新西兰馆

条匠心独运的长廊，让参观者仿佛穿越时空隧道，身临新西兰，领略异国风情。展馆屋顶花园是由著名的新西兰设计师 Kim Jarrett 和 Tina Hart 联袂设计，建筑与环境设计比较到位，最适合参观者享受漫步的惬意。屋顶花园布满新西兰特有的植物、花卉、水果，整个屋顶生机勃勃，鸟语花香，成为新西兰馆的一大亮点（图 11）。

(5) 英国馆

参展主题：传承经典，铸就未来

展馆类型：自建馆

展馆位置：C 片区

展馆面积：6000 平方米

设计亮点：会发光的景观建筑

设计团队：Heatherwick Studio

设 计 师：托马斯 · 西斯维克（Thomas Heatherwick）

12 | 13

图 12 英国馆

图 13 英国馆城市绿化图

英国是世界较早提出建设花园城市的国家，将自然带入城市是英国人一直引以为豪的设计理念。早在19世纪末，英国著名设计师埃比尼泽·霍华德就提出了这一设想，并分别于1903年、1920年在英国伦敦郊区建设了Latchworce和Welyn两个示范性花园城市。2010年上海世博会的英国馆并没有将主办方给予的6000平方米场地建为展示区，而是将其设计成一个城市公园（小广场），仅在一角设计了一栋小景观建筑来体现英国人的休闲方式。展区的走廊顶上是英国四大城市Cardiff，London，Belfast，Edinbourg的地图，用植物制作成没有街道和建筑的地图，并用植物的多少表示不同城市的绿化程度。小景观建筑用6万根光纤杆，每根长7.5米，每根杆子里都有一颗种子，建成种子圣殿，白天像一个巨大的海胆，将阳光吸入它的“脊柱”，到了夜晚，打开LED光，整个建筑在夜幕下熠熠生辉。“开放广场”可以让参观者休息游玩，体现了自然环境的价值（图12-13）。

(6) 卢森堡馆

参展主题：亦小亦美
展馆类型：自建馆
展馆位置：C片区
展馆面积：1300平方米
占地面积：3000平方米
设计亮点：“袖珍”的森林和堡垒
设计团队：瓦伦蒂尼 (Francois Valentiny) 领衔

图14 卢森堡馆

卢森堡馆更像是一个卢森堡大公园，在外观上看是个开放的大森林，铁皮外墙内部由木条排列搭建而成。馆内特制的不规则玻璃窗让参观者可以看到户外的“空中花园”景色，顺着层层递进的花丛走道可游览整个卢森堡馆因地势起伏而自然分割出的不同景观。展馆主要使用的材料是钢、木头和玻璃等可回收材料，体现可持续发展的理念。卢森堡馆外观呈锈色，是因为用了一种名叫“耐候钢”的特殊钢材,可100%回收。它在自然环境下,经过空气、雨水的氧化，表面会自动形成抗腐蚀的保护层，无需涂漆，这种钢材寿命在80年以上（图14）。

15 | 16

图15 爱尔兰馆内庭院
图16 爱尔兰馆外部绿化

(7) 爱尔兰馆

参展主题：城市空间及人民都市生活的演变
展馆类型：自建馆
展馆位置：C片区
展馆面积：2500平方米
设计亮点：五个长方体展示区由倾斜的过道连接，错落有致
设计团队：上海亨利杰莱恩斯建筑事务所、上海电子工程设计研究院有限公司（SEEDRI）

爱尔兰馆由5个错落有致的长方体展示区组成，展示区由倾斜的过道连接，分别展示了爱尔兰不同时代的城市生活特色。展馆的外观草坪与里面草坪连接，外墙采用浅蓝色玻璃幕墙，给人以舒适、安静的感觉，象征爱尔兰民族的开放和包容。步入爱尔兰馆，迎面而来的是一条遮荫的长廊，利用多媒体效果，将雨、海、风、河四个主题呈现在参观者脚下。接着是六座风格迥异的“大门”：最古老的一扇来自石器时代；还有6000年历史的普纳布隆史前墓室牌坊；3000年以前的敦安格斯入口；1000年之前建成的圣麦克达拉小教堂大门；至今有800年历史的克隆夫特大教堂大门；以及一扇有250年历史的都柏林楣窗门。爱尔兰馆面积不大，外观也不张扬，但建筑与环境相结合细腻地阐述了爱尔兰文化（图15-16）。

(8) 智利国家馆

参展主题：新城市的萌芽
展馆类型：自建馆
展馆位置：C 片区
展馆面积：2500 平方米
占地面积：3000 平方米
设计团队：Sabbagh Arquitectos

从空中俯视，智利展馆呈不规则波浪起伏状，形如“水晶杯”，建筑主体由钢结构和玻璃墙构成。馆内有五个展厅，展示智利人对城市的理解，包括如何建造一个更好的城市、如何提高人们的生活水平等。展馆内部大量使用木材作为装饰材料，设计成递进式的台阶和蜿蜒起伏的天花造型，有效地区分功能分区，使人不觉得选材单调。展馆建设使用了大量绿色环保的 U 形玻璃，其横截面呈“U”形，具有透光而不透明的特性，隔热、隔音性能优良（图 17-18）。

17 | 18

图 17 智利馆外墙环保玻璃
图 18 智利馆内部装饰

(9) 挪威国家馆

参展主题：大自然的赋予
展馆类型：自建馆
展馆位置：C 片区
建筑面积：3000 平方米
设计亮点：由 15 棵形态各异的“树”构成
设 计 师：Reinhard Kropf 和 Siv Helene Stangeland

挪威馆由 15 棵巨大的“树”构成，模型树的原材料来自木头和竹子，撤展可再利用，体现了“可持续发展”的理念。树从 5 米到 15 米不一，每棵“树”均有固定在地下的“树根”和空中的四条“树枝”。以“树枝”的外端为附着点所支起的篷布，形成了外观高低起伏的展馆屋面。这样的结构能营造出错落有致的空间，给参观者带来迥异不同的感受。15 棵“树”是用挪威特有的建筑技术建造而成。

图 19 挪威馆里的"树"

材料是由松树的各个部位做成的薄板，它比钢筋更稳固和耐高温，可燃烧时间甚至比钢筋结构更长。这些木板可以再生，可循环再用，表现可持续发展的理念，而且，"树"亲近自然，让参观者深刻体验技术所带来的与大自然亲近的全新感受（图 19）。

(10) 西班牙馆

参展主题：我们世代相传的城市

展馆类型：自建馆

展馆位置：C 片区

建筑面积：7600 平方米

设计亮点：复古而创新

设计师：贝纳德塔·达格利亚布艾（Benedetta Tagliabue）

西班牙馆外墙用天然藤条编织成的一块块藤板做装饰，用钢丝斜向固定，呈现波浪起伏的流线型，美观大方。外墙共用 8524 个藤条板，面积将达到 12000 平方米。这些颜色各异的藤板来自中国山东，不经过任何染色。藤条用开水煮 5 小时可变成棕色，煮 9 小时接近黑色，这就是色彩不一的原因。阳光透过藤条的缝隙斑驳地洒落在场馆内部，形成了一幅美丽景象。藤艺是中国和西班牙的传统手工艺，但正被逐渐遗忘，本届世博会西班牙馆所运用的藤艺有着深刻的含义，设计者希望建筑能与自然环境和传统文化结合，传承和发展传统文化（图 20-21）。

20 | 21

图 20 西班牙馆外墙装饰
图 21 西班牙馆钢结构支架

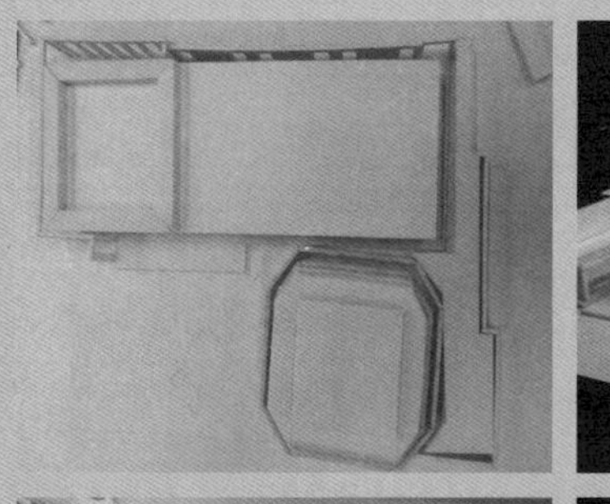

22	24
23	25

图 22 根据平面图制作底座
图 23 制作主体建筑 1
图 24 制作主体建筑 2
图 25 制作主体建筑 3

2. 展览馆模型制作过程

泰国馆组：王梓桦 19 岁、刘景波 19 岁、唐诗奇 19 岁、林智豪 19 岁

1、我组制作的空间模型是上海世博会的泰国馆。我们所采用的材料主要有 KT 板、高密度板、纸板、胶片、木条和木板等。馆体框架主要由 KT 板围合，部分细节主要由木条和木板雕刻而成。

2、我们组的制作步骤是：(1) 搜集和影印相关的图纸，并对其数据进行整理和计算。(2) 确定底板材料并在底板上勾画总平面图。(3) 组长根据平面图的块面进行工作分配 (图 22-25)。(4) 各组员开展工作，并及时反馈交流。

3、在制作的过程中遇到的难题：开始由于忽略 KT 板的厚度，以致在裁切和粘合时产生较大的误差；其次，从二维转化为三维的锥体屋顶，必须把平面图中三角形的腰边相应加长，方能围合成锥体；最后，通过小组合作最终顺利解决，用打火机快速炙烧能消除使用电热胶条粘合构件时产生的多余胶丝。

4、希望能在下次建筑空间模型制作中得到更好的解决以上问题，且为下次制作提供些许的经验以参考。从总体来看，泰国馆模型的整体造型富有美感，韵味十足，加上内部摆饰的精巧细致，配合外围景观的用心规划，在总体遵循泰国馆实物建造规律的同时也添加了组员的理解和构想（图 26-31）。

5、制作过程的总结：(1) 高效的合作离不开有效的工作分配和合理的时间安排。(2) 前期裁切的细致有利于后续黏贴工作的顺利行进。(3) 制作步骤的条理安排能提高制作效率。(4) 制作过程注意意外事件的发生并建议提前制定应急预案。

6、已完成的作品欣赏（图 32-35）。

28 29 30 31

6 制作主入口 1
7 制作主入口 2
8 制作主入口 3
9 制作其他次建筑 1
0 制作其他次建筑 2
1 制作其他次建筑 3

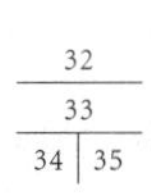

32 已完成的泰国馆模型 1
33 已完成的泰国馆模型 2
34 已完成的泰国馆模型 3
35 已完成的泰国馆模型俯视图

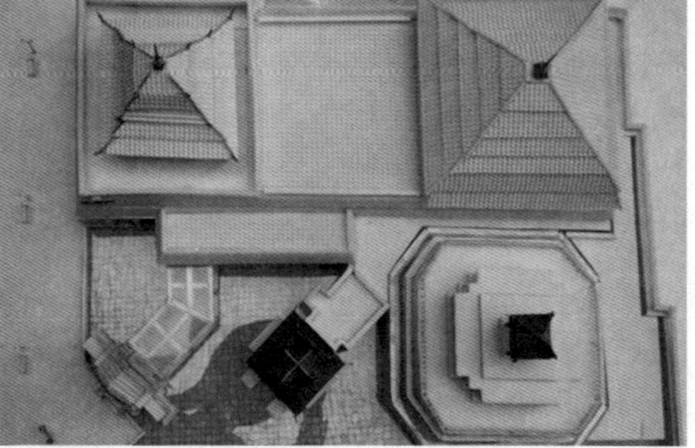

苏州博物馆组：李金泽 21 岁、何文昱 21 岁、梁家泳 23 岁、许纯漫 21 岁、李雨兰 21 岁、梁晓晴 21 岁

1、选材：选材很重要，因为所选的材料要表达建筑物的质感和尽可能地符合原建筑物。

2、资料收集：我们的组员在各大设计网站找来了苏州博物馆的各种资料进行筛选，并打印。

3、绘图（图 36）：由于苏州博物馆的建筑物太多太繁杂，工作难度大，所以我们选择了按照 1:200 的比例打印。

36 | 37

图 36 按照 1:200 的比例打印苏州博物馆平面图贴于底板

图 37 数据换算，制作模型的外壁面即为模型的基准线

4、数据换算（图 37）：苏州博物馆的墙高并不是每一面都一样的，虽然找了很多材料，可是屋顶的斜度我们还是没有找到，所以我们只能让组里数学最好的组员担此重任，进行计算和比例的换算。

5、切割（图 38-41）：由于 PVC 厚板太硬，在切割过程我们会有一些时候出现材料边缘不工整的情况，我们会用磨砂纸进行磨平，尽可能让模型的边缘工整，因为细节决定成败。

6、黏贴：在黏贴过程中，由于初期的经验尚缺，我们会出现溢胶或者黏贴歪的情况，遇到这种情况，我们会选择重新再黏。在后期，我们用 502 黏贴玻璃板，发现会有泛白的情况，经过老师的指点，我们尝试了白乳胶，效果果然比 502 好。

7、铺地（图 42）：在初期我们没有意识到应该先铺地再铺墙，结果到了中期我们的制作过程出现了施工困难的情况，鉴于此，我们在后期的制作中吸取教训。由于苏州博物馆里有一个湖，为了做出纵深的感觉，我们选择在两块泡沫板中间夹层一张水纹纸，以造出湖的纵深感。

8、绿化设计（图 43）：因为苏州博物馆的总平面图并不是规整

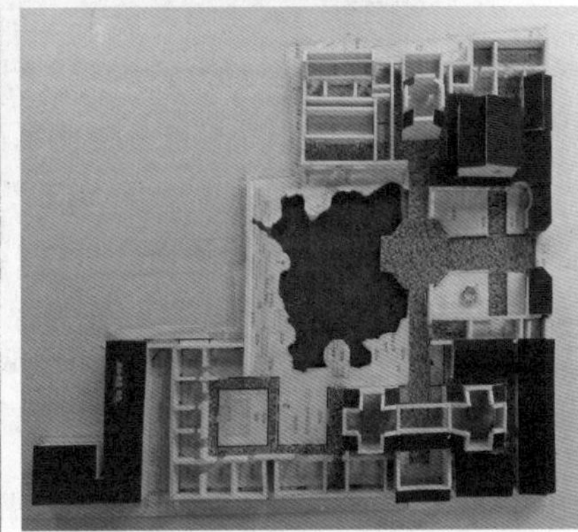

图 38 单个房屋
图 39 八角亭细节
图 40 庭院细节
图 41 假山细节
图 42 人工湖细节
图 43 制作外壁的形状与规格

的正方形或长方形，在建好之后会有一大块空地，很不美观，我们组的组员选择细沙混合草粉的方式进行铺草地，并以小石子进行点缀，在插植树木时，我们由于没有参考过相关景观设计的书籍，出现了设计不合理的情况，老师也给了我们相应的建议，后来我们也去寻找了相关的资料，进行参考，然后再进行重新的设计。

9、后期修整（图 44）：因为在后期的周围环境的制作中，我们是选择了深色的磨砂纸作为马路的取材，老师过来查看的时候发现马路已经盖过了主体建筑物，我们只能再次进行马路的调整，选取了比主体建筑物浅色的贴纸进行铺地。在改造马路的同时，我们又对模型的瑕疵处进行了再次地完善，力求模型最优化。

10、竣工（图 45）：在经历了几个星期的艰苦努力奋斗，终于在 2016 年 5 月 11 日这天，我们的模型终于竣工了，过程很辛酸，但看着成品的感觉还是很美好的。

11、问题总结：

（1）在初期绘制平面图时，由于苏州博物馆的建筑太多，工作难度实在是太大，我们选择按照比例放大打印出来再进行建模。

（2）在材料买回来后，我们开始尝试进行建模，发现泡沫板的质地太软，切割容易破碎，经过组员们再次商讨，我们决定换材料。逛了整个黄沙材料市场，我们终于选定了厚的PVC板作为我们建筑模型的主要材料，而之前购买的两块泡沫板我们再次商议定为建筑群和木质底板之间的隔层。

（3）因为材料的不同，所要用到的胶水也不同，所以我们进行了尝试，发现不同胶水对于不同材质的板块会有影响，例如腐蚀、凹陷、泛白。鉴于此，我们再次进行了胶水类型的划分。

（4）由于整个苏州博物馆属于灰白的色调，所以大多数市面上所卖的草皮并不适合我们的模型，所以小组再次讨论，决定用细沙和两种颜色的草粉混合，可以尽量地减少和模型的冲撞。

（5）在制作模型的前期，我们小组由于分工的不合理，出现了“用时多进度慢”的情况，我们的组员雨兰同学发现了这一问题并及时反映，经小组讨论，我们决定重新分工，分工后我们又汇集在一起讨论模型的问题，为了方便讨论问题，我们还建了一个微信群，方便小组成员及时讨论，避免了组员各做各的问题。

（6）在制作中，为了如何做好模型而争执，但最后我们都会听取对方意见进行商议，以实现模型最优化。

（7）模型制作是我们专业课程知识综合应用的实践训练。在这次的制作模型过程中，我们发现团队精神、尊重组员、相互理解、吸取经验很重要。

（8）俗话说：“千里之行，始于足下。”通过这次课程设计，我们深深体会到这句千古名言的真正含义。模型制作要尊重步骤与程序。首先是画图环节，图纸直接关系到能否在特定尺寸中做出符合人小比例的模型，制作时间长短又要考虑到制作材料运用等。

三、课例总结

1. 如何将建筑造型与周围环境进行协调的设计制作是本课例的教学重点，即如何运用环保与绿化理念来塑造展览馆的造型，使其更加有“文化性”和“可读性”。

44
45

图 44 检查各部件之间的高度和宽度的形状是否正确
图 45 已完成的苏州博物馆模型（1:200）

2.2010 年上海世博会与各国展览馆所运用的新型材料和新型技术的结构美，给学生们以极大的启发，开阔了他们新的思路与思维方式。

3. 模型制作中存在着很多艺术性和技术性的问题，如学生运用的材料比较混杂，顾此失彼，建筑与环境设计脱节，每一个环节考虑不够详细等。

4. 本课很多同学制作的空间模型并不能达到原来理想的效果，但建筑与环境艺术设计结合的概念给学生们留下深刻的影响。

拾壹、“鸟巢”与哈利法塔

一、教学目的

从雅克·赫尔佐格(Jacquesherzog)设计理念来引入现代建筑艺术，从学生感兴趣的“鸟巢”话题切入教学。因为“鸟巢”不仅仅是一座建筑，更是一件艺术品，它引发我们对建筑、环境、自然的思考。“鸟巢”的空间结构复杂，设计新颖，给学生以学习的榜样。课程以画草图和制作模型的方式来引导学生学习建筑设计，以空间模型切入教学，让同学们认识到建筑与自然环境结合的重要性。

二、教学步骤

1. 教学导入

今天，我们来了解北京“鸟巢”的艺术特点以及它的设计者雅克·赫尔佐格的设计理念。1950 年雅克·赫尔佐格出生于靠近德国北部瑞士巴塞尔（Bale），是瑞士的德语区，当地的建筑风格与德国的现代主义建筑相似，瑞士人对工艺精美的追求，使巴塞尔的建筑风格具有德国现代建筑的大气，同时又有瑞士建筑的精美。赫尔佐格从小就在这种建筑氛围中长大，这对他日后成为一名著名的建筑师有一定的影响（图 1）。

图 1 雅克·赫尔佐格

雅克·赫尔佐格毕业于苏黎世联合工业大学，他并在那里遇到了皮埃尔·德梅隆，他们俩的共同爱好是对艺术观念、表现手法进行大胆试验，使无数的材料在他们的手下成为“玩儿”的对象。赫尔佐格认为艺术不只局限在“绘画”和“雕塑”方面，建筑也是重要艺术之一。他认为生活到处充满艺术，离开艺术生活将没有意思。现代的波普艺术、观念艺术、极少主义艺术等艺术思潮对他影响很大。多变的创作思路和表现手法，使他创造出不同凡响的作品，以至于有人评价他是“属于其作品能够被解释为致力于使建筑重新获得根源”的为数不多的建筑师之一。他追求的是一种对建造本质的直接对话的作品。1978 年，他与皮埃尔·德梅隆在巴塞尔建立 Herzog&Demeuron 建筑师事务所。2001 年，他主持了一个将旧的伦敦发电站改建为 Tatemodern 艺术馆的项目（图 2），荣幸获得了 Hyattfoundation 颁发的最重要建筑奖——普利兹克建筑奖(Pritzker)，扩大了他在世界建筑界的影响。

图 2 Tatemodern 艺术馆

雅克·赫尔佐格作品的特别之处在于他充分利用现代科学技术将原材料运用在建筑的立面上，突出建筑立面的肌理效果，同时，他那精确、经济而又灵活的设计，巧妙地将梦幻色彩融入了建筑之中。他信奉“建筑不应追从任何一个潮流，不遵循当然也不刻意与某一种风格区别。它是随性而成的，就像一棵树的变化，在夏天是那么丰盛，在秋天开始凋零，到冬天就会变成枯枝，不同的时空总是造就不同的情形，所以我的建筑也是自然的。”他又说：“比起建筑我们更喜欢艺术，比起建筑师的方式我们更喜欢艺术家的方式。”他认为建筑师需要有能力表达时代的语言，同时他又说“我们必须时刻提防，不去简单地迎合时代的口味，而要把握住瞬间内的本质。”赫尔佐格以纯粹的形式探讨建筑的本源状态和内在的秩序。

赫尔佐格认为建筑就像人的躯体，每个人按照不同的要求穿适合自己的衣服，就像创造了不同的建筑表皮一样。如他与德梅隆设计位于美国加利福尼亚纳帕山谷的多明莱斯葡萄酒厂，采用一种金属钢丝编织成“笼子”，里面装填着形状不规则的小石头，作为建筑的“墙”。这些石头有的是绿色的，有的是黑色的，使“墙”体与周边景致优美地融为一体（图 3）。又如在设计尼克拉工厂仓库的窗口时用树叶作为图案，他说“我们需要与外部花园相关的什么东西，但它不能太自然主义。我们尝试了很多不同的图像，尤其是叶子和植物。图像的工作量是惊人的，图像重复的影响是至关重要的；我们选择的图像仍然可以被识别为叶子，但重复将其变成了不同的东西，全新的东西……重复的影响，能够把平凡的东西转化为新的东西。”

2001 年，德国慕尼黑市为了满足世界级赛事的需要，准备在两年内建成一座崭新的体育场，赫尔佐格的团队在投标中胜出。他们在足球场外围用光滑可膨胀的 ETFE 材料（ETFE 的中文名为乙烯—四氟乙烯共聚物，厚度通常小于 0.20 毫米，是一种透明膜材）做成，并可以发出不同的光，红白或是蓝白的菱形让体育场看上去是一个透亮的 LED 大屏幕。新建成的慕尼黑球馆可与建于 1972 年的曾以颇具革命性的帐篷式大屋顶结构的奥林匹克体育场相媲美，赫尔佐格也因此更负盛名（图 4-5）。2008 年奥运会北京国家体育场——“鸟巢”（BeijingNational Stadium）也是他手下之笔，但“鸟巢”与慕尼黑安联球场不同，因为足球比赛像一场殊死的搏斗，所以球场用结构紧凑的设计来满足场景气氛；而“鸟巢”则是一个综合性的体育场，能够满足奥运会开幕式、闭幕式、田径比赛、男子足球决赛等活动的需要，因此要有足够的开放空间，祥和而平实的氛围以及壮丽的结构。所以，他把北京国家体育场设计成外观仿若树枝织成的鸟巢，整个体育场各个结构元素之间相互支撑，形成网格状的构架体育场灰色矿质般的钢网空隙用透明的膜材料填充，包围着一个土红色的碗状体育场看台。在这里，镂空的手法、陶瓷的纹路、红色的灿烂与热烈，与现代最先进的钢结构设计完美地融合在一起。整座建筑内部没有一根立柱，看台是一个完整的、没有任何遮挡的碗状造型，如同一个巨大的容器，赋予体育

图 3 美国加利福尼亚纳帕山谷的多明莱斯葡萄酒厂

场以无与伦比的震撼力。这种均匀而连续的环形结构使观众获得最佳的视野，以带动他们看比赛时的兴奋情绪，激励运动员向“更快、更高、更强”冲刺。在这里，人，真正被赋予中心的地位。在“鸟巢”顶部的网架结构外表面贴上一层半透明的膜，使得光线不能直射进来，而是通过漫反射，使射进来的光线更柔和，还可解决场内草坪的阳光养护问题，滑动式可开启的屋顶合上时体育场成为一个室内的赛场，为座席遮风挡雨。另外，“鸟巢”的整个钢筋铁骨形成了一个巨大的避雷网，能迅速把雷电导入地下，同时场馆内能触摸到的地方都做了特殊处理，使“鸟巢”避雷且不伤人。“鸟巢”可以容纳10万以上的观众，其中临时坐席2万座。其建筑面积25.8万平米，用地面积20.4万平米，建筑形态如同孕育生命的“巢”，像一个摇篮，寄托着人类对未来的希望，富有诗意和人文精神，使人过目不忘（图6-9）。

下面欣赏雅克·赫尔佐格的一些作品（图10-13）。

图4 德国慕尼黑安联足球场
图5 德国慕尼黑安联足球场内部
图6 北京国家体育场及周围环境平面图

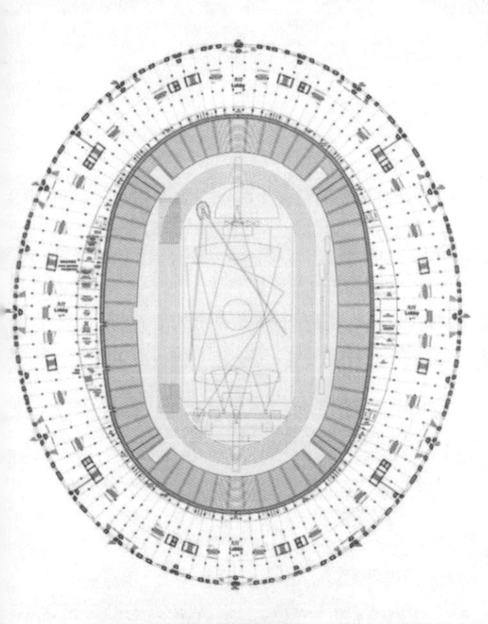

7 | 8 / 9

图 7 北京国家体育场平面图
图 8 北京国家体育场效果图
图 9 北京国家体育场夜景

10 | 13 | 12 / 11

图 10 VitraHaus 展馆
图 11 报刊亭
图 12 蝙蝠塔
图 13 钟塔

2. 哈利法塔模型制作过程

哈利法塔组：钟丽明 19 岁、杨梅芳 19 岁、谭嘉敏 19 岁、吴晓文 18 岁、潘翠瑶 20 岁、谢红杏 21 岁

1、我们组这次选择制作的模型是迪拜的哈利法塔。因为它是目前世界上最高的建筑，看起来比较有挑战性。首先从网上寻找哈利法塔的平面图、正视图、侧面图、立面图等。因为哈利法塔较为出名，所以，网上有大量关于哈利法塔的资料。最终，我们选择用“土木在线”的数据来确定尺寸，因为它较为齐全。并且以 1 : 1000 的比例制作来制作模型（图 14-15）。

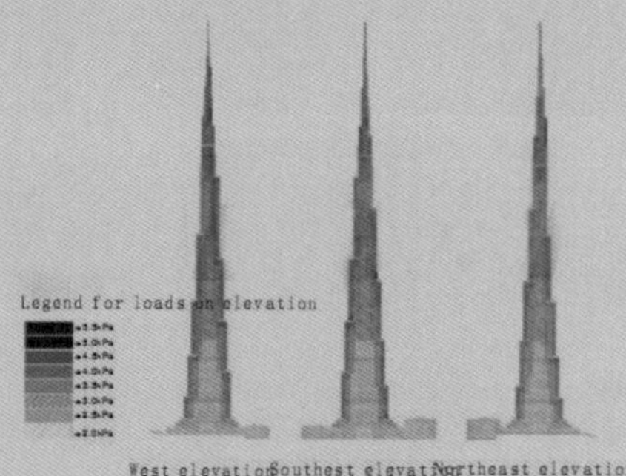

图 14 哈利法塔的资料 1
图 15 哈利法塔的资料 2

2、哈利法塔上部采用钢结构，下部采用混凝土结构，为了表达出它原有的全新结构体系，我们选用的材料主要是水泥、钢条、铁线和灰纸板，总体颜色就是钢筋水泥的银灰色，这样确定好模型的主要材料和色彩搭配。

3、按照尺寸裁剪切割灰纸板、木板和铁线（图 16-17）。

（1）制作底座：先将割好的木板，用 502 胶水粘合，按比例和需要放入水泥和水，进行搅拌，待搅拌均匀后，在中心位置插入中心模型的中心铁柱，等待水泥半干半湿的时候，将哈利法塔底层的纸板放在水泥上，然后围绕纸板插入钢条。水泥搅拌后非常粘稠，并没有想象中那么简单，这样就一点一点地搅拌了一个多钟头。在购买金属棒的时候，不小心购入了不锈钢棒，质量超好，根本剪不断，最后是借用了宿管的爆破剪将其剪断（图 18-21）。

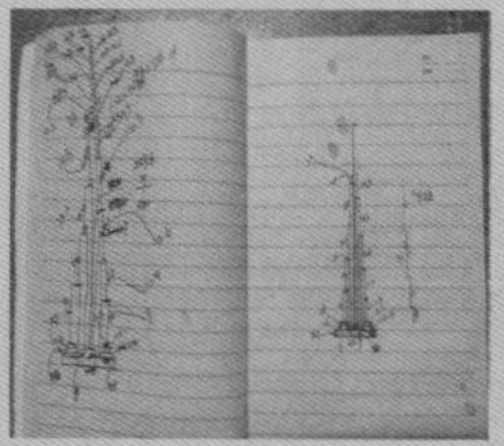

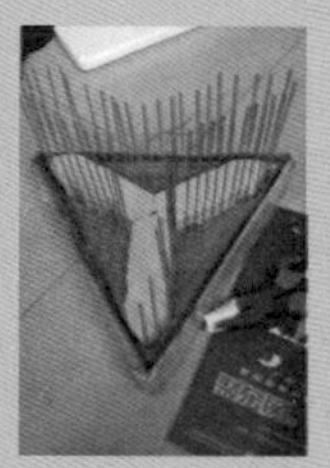

16 制作的工具
17 计算出的数据
18 底座制作 1
19 底座制作 2
20 底座制作 3
21 底座制作 4

(2) 制作塔身：将裁剪好的灰纸板用 502 胶水粘合（纸板的中间部位需使用打孔器打孔，将其穿入中心铁棒），并分组式地用铁丝将其串接，串接完成后，再用 502 胶水固定（图 22-27）。

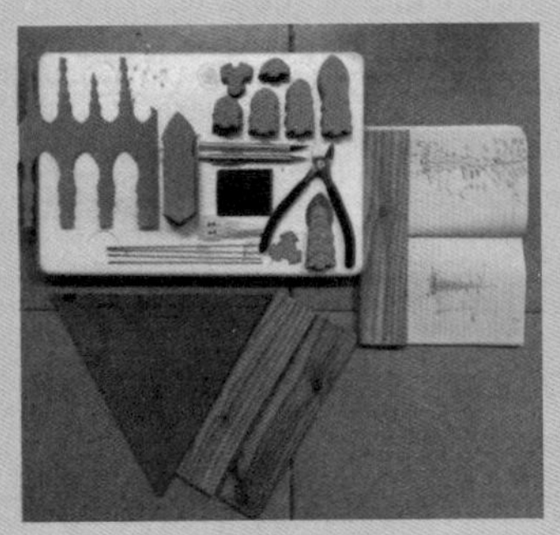
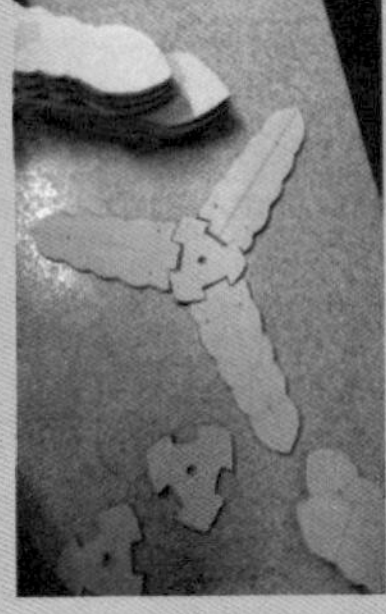

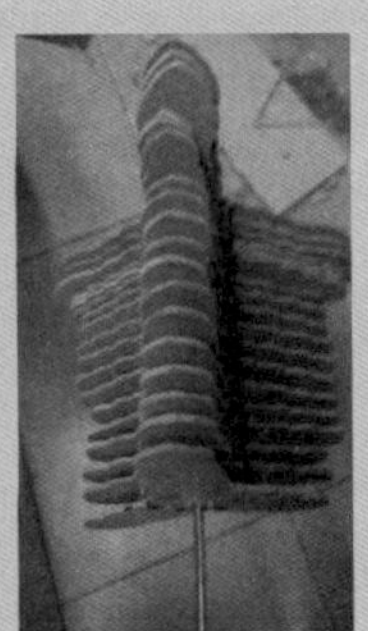
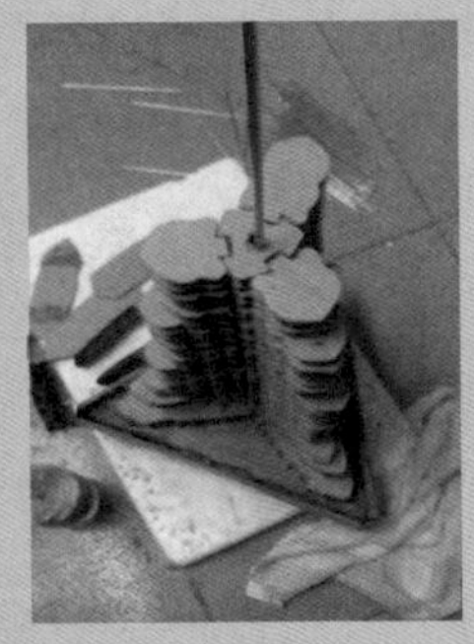

22	23	24	25
26	27	28	

图 22 塔身制作 1
图 23 塔身制作 2
图 24 塔身制作 3
图 25 塔身制作 4
图 26 塔身制作 5
图 27 塔身制作 6
图 28 拆下来的构件

4、我们在模型制作快要建成之时，发现了一个问题！为模型的外形不直纠结和争吵了很久，决定把它拆掉重建！把纸板弄直，哪怕是只直一点点，而且外观上的铁丝太细，真实感太低，就换成粗一点的铁丝。也因为争吵，重建……不再是 6 个人了……（图 28）。

5、重建。

(1) 制作塔身：把本来连接纸板的铁线剪掉，不再分组串接，直接按数据将所有纸板用中心铁柱串接在一起，然后对它进行裁剪；裁剪整齐后，用细铁线按平行三点式一个接一个板的用圆规打洞串接，一根线直下，然后用 502 胶水固定。灰纸板的切割并没有看起来那么简单，需要切割到一模一样，还是带有着一定的难度，因为有弧度，所以只能手工切割，在重建的时候，已经没有时间再去重新切割了，只能使用原有的材料。重建的时候，并不觉得它比原来好看多少，直多少，但就因为那一点点，直那么一点点，好看那么一点点，依然没有后悔毁掉它重建。但是模型毁掉重建的同时，人与人之间关系就好像在有形无形中建起了一面墙。要做好一个模型

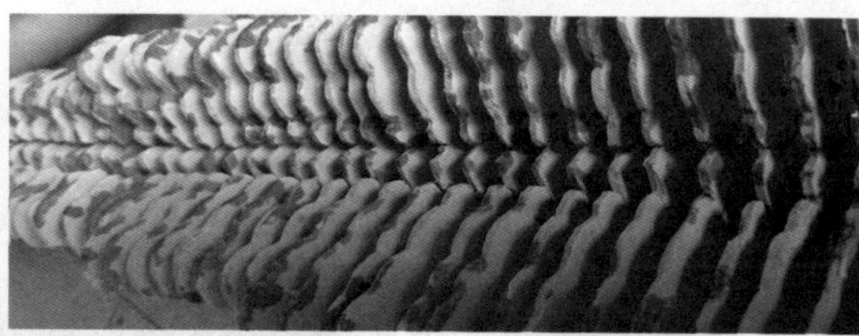

29 | 30 | 31

重新制作塔身骨架 1
重新制作塔身骨架 2
重新制作塔身骨架 3

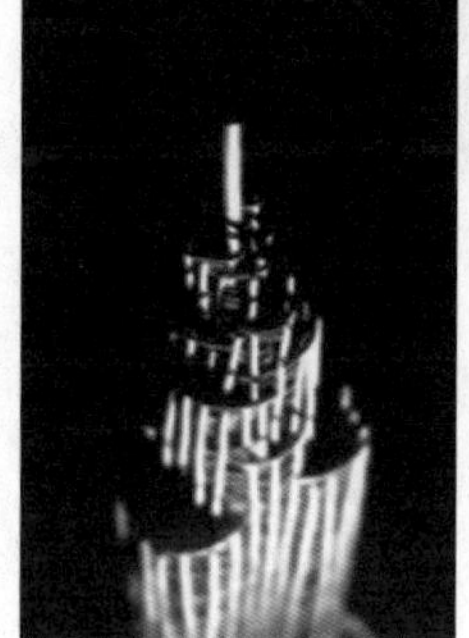

33 | 34
36 | 32 | 35

32 塔身外围制作 1
33 塔身外围制作 2
34 塔身外围制作 3
35 塔身外围制作 4
36 制作护栏

不难，难的是如何去处理人与人之间的关系……（图 29-31）。

（2）制作外观：先将铁线拉直，按比例剪切粗铁线，然后垂直贴在塔身上（图 32-35）。

（3）制作护栏：按需要剪切铁线，然后将其弯曲，用 502 胶水固定在铁丝上方。护栏同时也起到装饰塔身的作用（图 36）。

6、重建很累，放弃了周末休息时间。不仅是身累，还要心累。不过，还要谢谢在重建的时候，一直陪伴在身边的小伙伴们，因为他们如果不齐心，模型真怕做不下去了。我们这次的底座是水泥制作的，后来发现劣质的水泥结构随时都可能倒塌，还好我们是建模，在制作房子的时候，还是需要使用质量好的水泥。建议组建小组时，还是男女搭配会比较好，男生的力气还是较大，我们组全部是女生，这给我组增加了难度，如给纸板打孔力气仍旧不够，用了好长时间才完成。

7、在建成的时候，心里还是好激动好激动的。完成那天晚上，欣赏了一个多钟后才舍得去睡觉。现在觉得模型的瑕疵还有铁线和纸板的不直。还有纸板上的502胶，把纸板滴得有点黑；还有就是铁线剪切得有点不整齐，不能做到完全重合，不然模型可以精致一点，看起来更有真实感。

8、已完成的作品欣赏（图37-38）。

图37 已完成的模型俯视图

三、课例总结

1. 从雅克·赫尔佐格的建筑与自然环境艺术作品对学生们来说是一个比较新鲜课题，具有时代意义。而且，学生们对这样的作品有着浓厚的兴趣，对他们日后成长对建筑与周围自然环境结合有一定的启发。

2. 很多学生原来对建筑与自然环境相结合的效果并不熟悉，通过对鸟巢设计理念的认识，使自己的作品更有“文化性”和“可读性”。

3. 通过了解鸟巢所运用的新材料与新技术的组合之美，给学生们的思维以极大的启发，开阔新思路。

4. 制作模型的过程中，存在着很多艺术性和技术性的问题，如材料的运用，色调混杂的问题，有时顾此失彼，建筑与环境脱节，在细节上欠缺充分考虑等。

5. 如何选用材料，如何使建筑形体与自然环境融合是本课教学的重点。

→
图38 已完成的模型作品

拾贰、赖特与“流水别墅”

一、教学目的

本课的目的是让同学们认识弗兰克·劳埃德·赖特（Frank Lloyd Wright）设计理念，学习他如何设计流水别墅，了解建筑与环境设计的关系。

二、教学步骤

1．专业导入

如果跟同学们谈弗兰克·劳埃德·赖特，也许很多人不知道，但如果说到“流水别墅”，很多人通过各种媒体了解到它是弗兰克·劳埃德·赖特的代表作之一。

图 1 赖特

弗兰克·劳埃德·赖特（Frank Lloyd Wright,1867—1959）（图 1）出生于美国威斯康星州里奇兰中心（Richland Center）的一个小镇。他童年时期喜欢玩积木。这种玩具是福禄贝尔发明的，所以以他的名字来命名。它包括各种各样的球体、立方体、锥体和纸带，弗兰克·劳埃德·赖特小时候喜欢将它们做各种组合，这对他后来学习建筑学有很大的帮助，他也因此喜欢上了建筑设计这一行。赖特是美国现代建筑的奠基人，是美国本土培养出来的建筑师，从 20 岁开始建筑创作，一直到 92 岁去世，一生创作了 800 多项建筑作品，建成的约 400 余座。现在，这些建筑已经成为珍贵的文化遗产，流水别墅就是其中的一座（图 2-6）。

1934 年，69 岁的赖特应富商埃德加·考夫曼（Edgar J.Kaufmann）的邀请，设计了流水别墅（Fallingwater），这是他事业巅峰时期的设计作品。流水别墅建在溪谷的北侧，用地东西方向狭长，南北进深约 12 米，建筑主体的北侧留出 5 米宽的通道。主入口很隐蔽，进入别墅须从溪谷南侧绕道，跨过一座小桥，从别墅主体的东北角进入一层主入口。这样的路线可以让来访者从不同角度欣赏别墅的外观（图 7）。进入一层主入口内有一个很小的门厅，起居室是多功能开敞式的，有 5 处可以通向室外，东侧的两个门和西侧的一个门可分别通向两侧室外挑台，加上东北角的主入口和西北角经过厨房都可以通向室外。起居室平面近似方形，约 170 平方米，

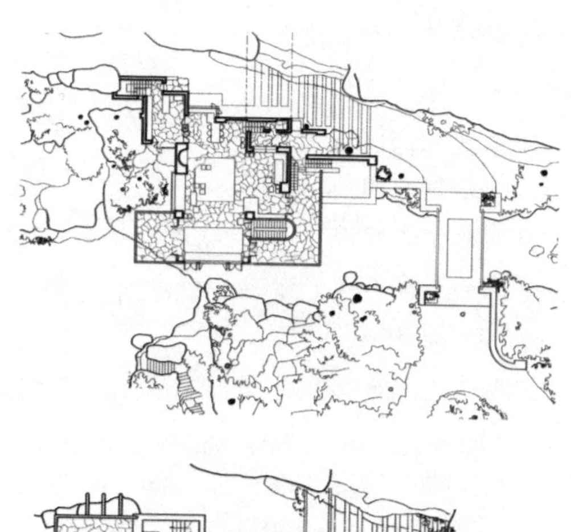

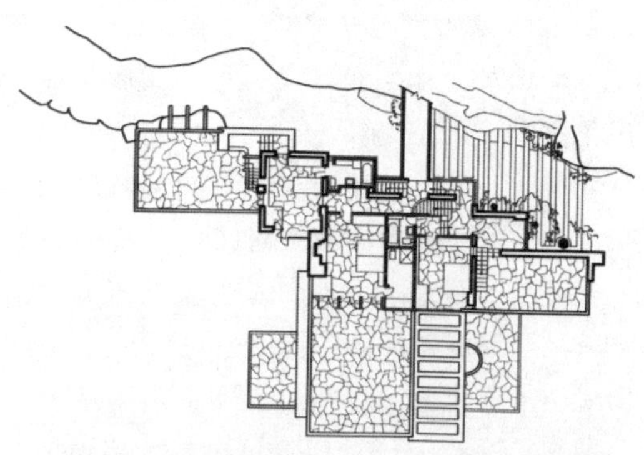

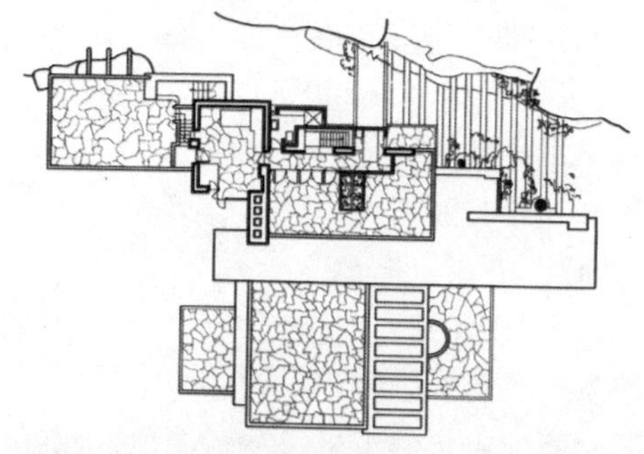

2	3
4	5
6	

图 2“流水别墅”首层平面
图 3“流水别墅”二层平面
图 4“流水别墅”三层平面
图 5“流水别墅”实景照
图 6“流水别墅”冬天时节的室外、室内景观

对角线将室内划分成四个区域，西侧是以壁炉为中心的家庭聚会处，南侧是客厅，东侧是书房，北侧是连接厨房的餐厅。起居室东南角有一个通向地下的开口（hatch），开口上方是透光的雨罩，开口处向下悬挂一个吊梯，吊梯直达溪流的水面，此乃别墅的精华所在，主人既可以零距离接近流水（图 8），又可仰望天空，呼吸新鲜空气。当夏日清风吹过，室内空气对流，形成自然的温度调节，自然降温既节能又环保。首层通向二、三层的楼梯布置在北侧（图 9），楼梯空间非常别致，沿梯一侧的墙面从上到下全是图书，像进入了图书馆的书库，通过楼梯可以到达后山的客房（图 10）。别墅二层有 3 间卧室，两间是男、女主人的卧室（图 11），另一间是客房（图 12），3 间卧室有独立卫生间，每间卧室还有一个室外大阳台，阳台分别向东、南、西三个方向出挑。流水别墅的辅助用房建在北侧的山坡上，与主体建筑之间通过曲廊、楼梯、廊桥互相连接。曲廊平面为圆弧形，顺着山坡逐级下降，顶板是钢筋混凝土折板，轻盈、灵巧。曲廊尽端的楼梯是半圆形的转梯，楼梯与曲廊形成 S 形构图，半圆形楼梯通过架在主体北侧道路上的廊桥连接到流水别墅主体的二层。单层客房与两层的辅助用房组成 L 形体形，辅助用房的上层是办公和仆人卧室，下层是车库，车库外侧是停车场。

流水别墅因地制宜，结构和功能紧密结合。石墙基础直接砌在基岩上，基础梁则锚固在岩石上。一至三层的现浇钢筋混凝土楼板依山就势，层层后叠。各层楼板的支撑方法也不一致，支撑楼板的各层石墙或石柱并没有全部上下贯通，只有厨房四周、壁炉烟囱和楼梯一侧的石墙由基础贯通到屋顶，以保证建筑物的稳定性和刚性。这种自由、灵活的支撑体系既是功能的需要也是一种技术方式。各层现浇钢筋混凝土楼板的处理方法也各不相同，例如，首层和二层的南侧挑台采用反梁的形式，即下面是楼板，反梁在上面。这既是结构的需要也是建筑艺术的一种表现形式。赖特的作品充满着天然气息和艺术魅力，主要是因为他对材料的独特见解和对大自然的尊重。他不但注意观察自然界的各种奇异生态，而且对材料的内在性能，包括形态、纹理、色泽、力学和化学性能等都有比较深入的研究。“每一种材料都有自己的语言……每一种材料都有自己的故事。”“对艺术家来说，每一种材料都有它自己的信息，都有它自己的歌”（图 13）。赖特的作品善于用几何元素，如水平、垂直线条的运用，使得墙壁得以独立于内部结构之外，使建筑别具一格。赖特认为：我们的建筑如果有生命力，它就应该反映今天这里的更为生动的人类状况。建筑就是人类受关注之处，人本性更高的表达形式，因此，建筑基本上是人类文献中最伟大的记录，也是时代、地域和人的最忠实的记录。他的有机建筑理论更是脍炙人口。他不仅是一位天才的建筑师，也是一位著名的教育家，他创办的塔里埃森学社屹立至今，他的教育思想独具一格。另外赖特还善于自我宣传，经常发表文章和演说，而他的这种本领是建筑师必备的才能。

7	8
9	10
11	12

图 7“流水别墅”一层北侧的主入口
图 8 俯视“流水别墅”挑台下的溪水
图 9“流水别墅”南北方向剖面
图 10“流水别墅”客房平面
图 11“流水别墅”考夫曼的卧室
图 12“流水别墅”客房的起居室

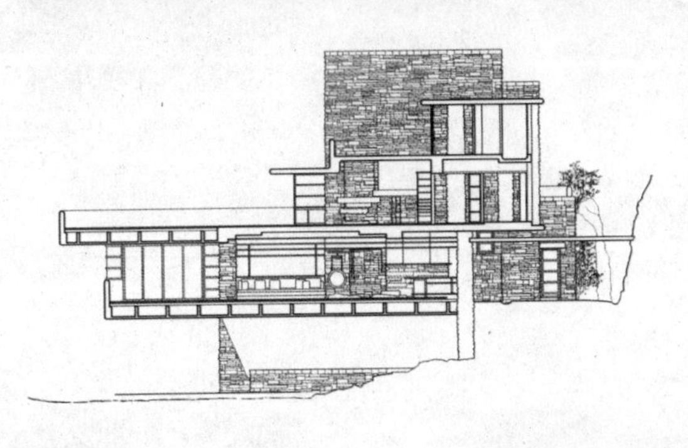

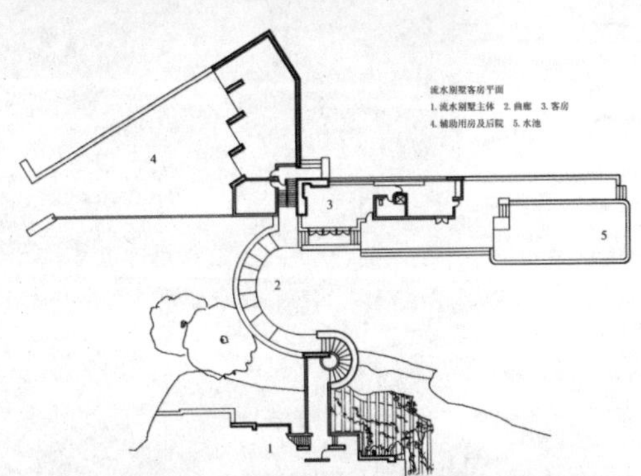

图 13“流水别墅”的角窗与落地窗

2. 流水别墅模型制作过程

流水别墅组：林恩富 21 岁、徐小兵 21 岁、吴景文 21 岁、王伟宏 21 岁、何永辉 21 岁

1、我们组对赖特设计的流水别墅相当感兴趣，并决定作为我们的模型作业。首先我们收集建筑的实际尺寸，包括 CAD 图和地形图，这是制作模型的前期工作。由于流水别墅的知名度较高，在网上可收集很多相关的参考资料，但质量不高，需要我们进行处理才能使用。

2、比例缩尺 1:100

3、建筑主体模型制作过程

（1）绘制模型图：模型比例尺确定之后，我们按比例绘出制作模型所需要的平面图和立面图。

（2）排板画线：将制作模型的图纸放在已经选好的板材上，在图纸和板材之间夹一张复印纸，然后用双面胶条固定好，图纸与板材的四角用转印笔描出各个面板材的切割线，要注意图纸在板材上的排料位置，要计算好，这样可以节省板料。

（3）镂空部件：制作建筑模型时，有许多部位如门窗等是需要镂空的，可先在相应的部件上用钻头钻好若干个小孔，然后穿入锯丝，锯出所需的形状。锯割时需要留出修整加工的余地。

（4）加工部件：将切割好的材料部件，夹放在台钳上，然后根据部件大小和形状选择相宜的锉刀进行修整，外形相同的部件或是镂空花纹相同的部件，可以把若干块夹在一起，同时进行精细修整，这样容易保证花纹的整齐统一。

（5）细部装饰：在各个立面粘接前先将仿镜面幕墙及窗格子处理好再进行粘接。

（6）组合部件：将所有的立面修整完毕后，对照图纸精心黏贴（图 14-16）。

图 14 制作主体建筑 1
图 15 制作主体建筑 2
图 16 制作主体建筑 3

4、主体建筑制作过程中繁琐的细节和我们经验的不足使我们走了不少弯路。如地基的稳固和流水别墅中“流水”的动态要求，组员们决定使用水循环系统来制造流水的效果，但这时要解决防水、

17	18	19	20
21	22	23	

图 17 底部搭建一个底座
图 18 利用水循环系统来制造“流水”
图 19 溪流制作完成
图 20 制作道路铺砖
图 21 制作山体
图 22 制作树木
图 23 制作草皮

漏水等问题，最后经过与老师交流，听取老师的建议，通过在底部搭建一个平台来解决了不牢固的状态和防水的难题，最后完善了建筑各部分细节的粗糙问题（图 17-19）。

5、场景模型的配置制作

（1）场景配置制作是建筑空间模型的重要组成部分，它使建筑模型从单纯的建筑单体进入创意、创新的环境制作。如何选择相应的材料，制作环境配置，是衬托好主体建筑模型的首要任务。等建筑主体大致完成，我们开始制作周边的环境，这时对山体的形态和模型的最终效果也逐渐明朗（图 20-23）。

（2）道路：在制作道路时，根据道路的不同功能选用不同质感和色彩的材料，如彩色粘贴纸、彩色喷绘等技法。车行道应选用色彩较深的材料，人行道应选用色彩稍浅并有规则的网络状材料，街巷道应选用色彩浅的材料。在制作道路时，车行道、人行道、街巷道的两旁要用薄型材料垫高，还要以层次上的变化来增强道路的效果。

（3）草坪：草坪的制作材料有尼龙植绒草坪纸、纤维粘胶草绒粉、锯末粉染色等。做法是按模型底盘图纸中所需草坪的形状和尺寸用刀具裁割，再用双面胶贴到模型底盘上草坪的位置。粘胶草绒粉是用白乳胶涂抹在做草坪的位置，然后将草绒粉均匀撒在上面，或一边抖动底盘，一边撒草绒粉，再用手轻轻挤压撒上草绒粉的位置，将其放置一边干燥。干燥后，将多余的粉末清除，对缺陷再稍加修整。

（4）树木：树木是场景模型中绿化的一个重要组成部分，制作上有一个原则，即似是非是，在造型上要源于大自然的树，在表现上要高度概括。普通行道树木的制作只需按比例要求，裁取多股铁丝或多股铜丝，将多股线拧紧，把上部的枝叉部位劈开，按形状拧好，然后对树干着色，待干燥后把树叉粘上胶水，撒上草绒粉或专用树粉。

（5）花坛：花坛选用彩色海绵、粘胶草绒粉、树粉等。

（6）水面：水面的表现方法是水面应略低于地平面，在制作比例尺寸较小的水面时，我们可将水面与路面的高度忽略不计，把蓝色塑料写字垫板剪成水面形状，用双面胶直接粘贴在所需位置即可。

（7）山地：山坡制作采用层叠法，是根据比例尺寸选择层叠板的厚度，按照等高线形状裁下相叠而成。

（8）路灯：道路两旁的路灯用细钢丝、铜丝或大头针制作，制作时将大头针的头用钳子折弯，也采用各种不同的小饰品组合，丰富路灯的形式。

（9）建筑小品：建筑小品可起到丰富、活跃、点缀环境的作用。制作材料用橡皮泥、粘土等可塑性强、容易加工雕刻的材料做成假

24
25 | 26

图 24 已完成的作品 1
图 25 已完成的作品 2
图 26 已完成的作品 3

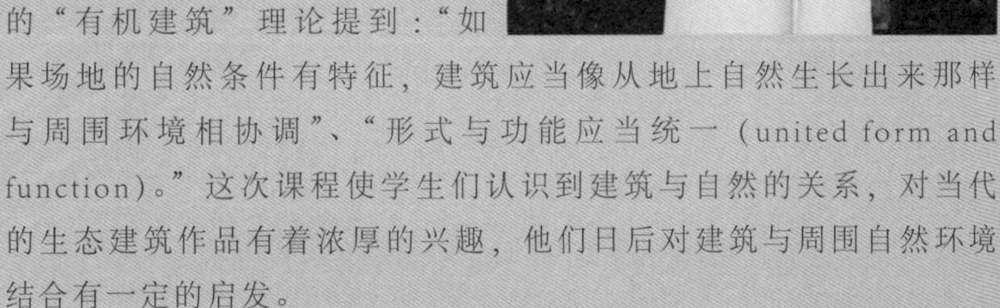

28 29
30 31
32

图 28 已完成的作品局部 1
图 29 已完成的作品局部 2
图 30 已完成的作品局部 3
图 31 已完成的作品局部 4
图 32 已完成的作品局部 5

山、石碑等小品。

6、经过了各种方法的尝试，最终我们合力把模型顺利制作完成，大家感觉还是符合组员们最初的“流水别墅”构想。已完成的作品欣赏（图 24-32）。

三、课例总结

1．弗兰克·劳埃德·赖特的“有机建筑”理论提到：“如果场地的自然条件有特征，建筑应当像从地上自然生长出来那样与周围环境相协调”、“形式与功能应当统一（united form and function）。”这次课程使学生们认识到建筑与自然的关系，对当代的生态建筑作品有着浓厚的兴趣，他们日后对建筑与周围自然环境结合有一定的启发。

2. 很多学生原来对建筑与自然环境相结合的效果并不熟悉，通过对赖特设计理念的认识，以及对流水别墅案例的理解，给学生启发，开阔新思路，使自己以后设计的作品更有“文化性”和“可读性”。

3. 在模型制作的过程中，学生们存在着很多技术性和艺术性的问题，如：开始运用水循环系统时没有解决漏水的问题，制作模型的主材料与装饰不协调，建筑与环境的色彩配搭不适合，造成作品色调混杂，建筑与环境脱节，在细节欠缺充分考虑等。

←

图 27 已完成的作品 4

Chinese and Foreign Creative Building Arts
中外创意建筑艺术

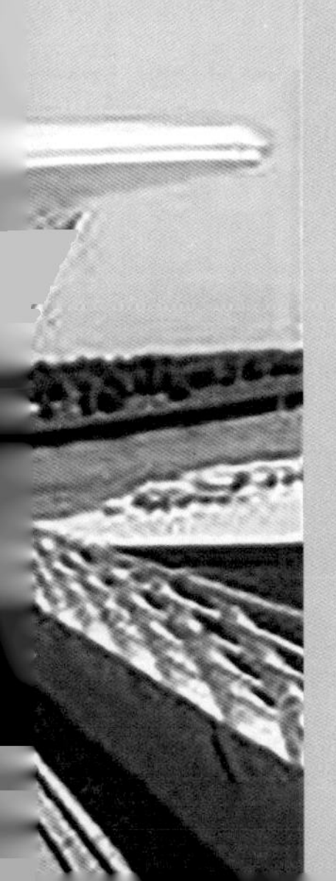

拾叁、桥梁

一、教学目的

音乐桥梁设计是学生感兴趣的话题之一，因为桥梁与人们生活环境息息相关，其造型以及结构容易引起学生们的兴趣。然而，传统的桥梁形式与卡拉特拉瓦设计的新型桥梁形式的不同，特别是像音乐器材的桥梁形式，深深地吸引了学生们。卡拉特拉瓦设计的桥梁有神秘感，有的人以为是外星人设计的。本课以桥梁的立体空间来切入教学。通过本课学习，让学生了解传统桥梁结构的另一面，桥梁形式与音乐的艺术性结合在一起，关注形式与结构的互动性，以音乐的形式来设计桥梁。

二、教学步骤

1. 教学导入

西班牙的圣地亚哥·卡拉特拉瓦是一位世界著名的建筑师，他的作品让我们改变了思维，开阔了视野，更深刻地了解我们的生活环境。他从动植物骨骼的形态来启发建筑创作，如把林木虫鸟的形态美观融入建筑，体现惊人的力学效果；又如将人体优美的动态体现在结构上，表现造型与力学规律。圣地亚哥·卡拉特拉瓦1951年生于西班牙巴伦西亚市，青少年时期先后在巴伦西亚建筑学院和瑞士联邦工业学院读建筑学和土木工程，这使他具有建筑师和结构师的双重身份。他喜欢用自由流动的曲线来表现建筑的结构形式，“运动”贯穿了整个建筑结构的全过程，而且体现在每个细节之中。这样的设计既解决了工程问题，又塑造了建筑造型，从而独树一帜。他在威尼斯、都柏林、曼彻斯特和巴塞罗那等地都设计了桥梁，如埃拉米洛大桥（Alamillo Bridge Serville,Spain,1987—1992），像一张古希腊的七弦琴悬挂在河上，体现了结构技术与艺术的完美结合（图1-3）。卡拉特拉瓦还在里昂、里斯本、苏黎世等地设计了车站，如法国里昂郊区的萨特拉斯车站（TGV Station, Lyon-Statolas,France,1989 年始建），其建筑结构完全暴露，整座建筑像一只要腾飞的小鸟，充满动感，以一种“能动的建筑”（Kineticarchitecture）形式开阔了人们的思维，运动形态与逻辑建构方式融合在一起（图 4-9）。卡拉特拉瓦喜欢用钢结构与钢筋混凝土结合，创造富有诗意的力学性能建筑，他被人们称为建造大师（MasterBuilder）。2004 年卡拉特拉瓦在雅典改建有二十年历史的旧体育馆，将其作为奥运会的主场馆。他用半透明玻璃做成两只钢穹顶横跨在主场馆的上方，悬于座位区域之上，这样既可以让阳光进入场馆，又可以阻隔热气，其设计灵感来自于东罗马帝国时期（拜占庭建筑）教堂的穹顶，蓝白相间的基调则源于爱琴海文化。他希望这个带有钢和混凝土、代表雅典之光的看得见风景的建筑能给人们留下难忘的印象（图 10）。2001 年卡拉特拉瓦在美国的第一个作品是威斯康星州密尔沃基美术博物馆的扩建工程建成，使密尔沃基美术博物馆声名大震。密尔沃基美术馆位于波光粼粼的密执安湖畔，卡拉特拉瓦利用自然环境条件，在 1957 年建造的旧馆面湖水一方加建了 Quadracci 展馆，并在 Quadracci 展馆前面建了一座拉索桥，跨度长 73 米，用拉索在桥头构成了一个垂直门，在主入口处形成一个醒目的“画框”。桥下没有水，湖水在 Quadracci 展馆后面，起到一个空间序曲的作用，把观众的视线引到 Quadracci 展馆的主入口。由于卡拉特拉瓦对钢结构力学性能和混凝土承重结构的熟练把握，使这座白色的 Quadracci 展馆淋漓尽致地凸显了富有诗意的气质，一下子把密尔沃基美术馆的鲜明性格和盘托出。如那运动的屋顶意味着新生命的飞翔和希望，使密尔沃基美术馆无论放在什么地方都是绝美的，以致 2001 年美国《时代》杂志把它列为年度设计榜的榜首（图 11-15）。卡拉特拉瓦的作品在某种程度上是对于某个功能性问题所做出的睿智的技术性解答，同时优雅的建筑造型又使人感到亲切、自然、生动，甚至是幽默风趣，这归功于他众多技巧和才能的综合。他设计的作品体现出钢结构性能的技术逻辑美，而且仿佛超越地心力对桥梁结构的束缚，以极其突兀的技术美出乎人们的预料，有时候人们还以为是外星人设计的。他采用优化方法来解决实际工程技术问题，具有稳定性与抗瓦解性，同时使设计理念在作品中一目了然，引起观众的共鸣，从而增强了作品的“可读性”，开创了一条建筑设计的新思路，关注建筑的本质，给人们带来希望。

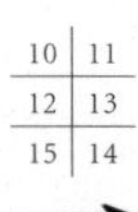

10	11
12	13
15	14

图 10 2004 雅典奥运会主场馆
图 11 密尔沃基美术馆
图 12 密尔沃基美术馆主入口
图 13 密尔沃基美术馆面海的船厅
图 14 密尔沃基美术馆主入口的桥梁
图 15 密尔沃基美术馆展起的翅膀随日光而变化

1	2
3	4
	5
6	7
8	9

图 1 埃拉米洛大桥的冷色效果
图 2 埃拉米洛大桥的暖色效果
图 3 埃拉米洛大桥
图 4 萨特拉斯车站
图 5 萨特拉斯车站门厅
图 6 萨特拉斯车站内部结构
图 7 萨特拉斯车站站台
图 8 萨特拉斯车站屋顶的制作过程
图 9 萨特拉斯车站双翼结构

2. 桥梁模型制作过程

悉尼海港大桥组：李锦滔 19 岁、李泽民 22 岁、劳文焕 21 岁、林海明 21 岁

1、我们组选择了悉尼海港大桥作为这次建筑空间模型课程的作业，不仅是因为大家都对桥梁的课题比较感兴趣，更是因为它精巧的结构、磅礴的气势以及它特殊的历史文化意义。悉尼海港大桥是悉尼的代表建筑，是世界第一长的单孔拱桥。这座大桥从 1857 年设计到 1932 年竣工，跨时良久，工程浩大，是连接杰克逊港口南北两岸的重要桥梁，与举世闻名的悉尼歌剧院隔海相望，成为悉尼的象征。

2、建造悉尼海港大桥模型的难点是它的受力结构和整体气势的表现。首先是结构，桥面跨度之长，即便是选用硬度较高的木板也会因为重力而产生弯曲，所以，我们通过在桥面底下加置木条作横梁以支撑，再通过桥拱的吊索分散其重量的指向（图 16-17）。

3、结构的第二个难点是桥拱的定型以及与桥面、桥墩的衔接。桥拱作为悉尼海港大桥的主要受力结构，更是它的内在灵魂。由于考虑到桥拱的受力及强度等因素，我们选择了强度、硬度较大的钢

16 17
18 19 20

图 16 制作桥墩
图 17 制作桥板造型
图 18 搭建横梁和吊索
图 19 大桥岸边搭建房子及绿化衬托大桥气势
图 20 制作海面

筋。但这也为我们塑形制造了困难，最终我们是通过热熔胶、木条等材料先在桥拱的左右及中间部分进行粘连固定，放置一段时间待钢筋能稳定地保持这种形态时再在桥拱上搭建横梁和吊索等构件（图 18）。

4、另一个难点就是大桥气势的表现，仅仅表现大桥主体很难表现出它的气势，而且模型还是按一定比例将其缩小的，另外，我们

还有一段小插曲，我们将桥面原来的八车道缩减为四车道，导致大桥一定程度上比例的失调，更是在大桥的气势上对其削弱了。于是，我们在老师的建议下重新对桥面的车道进行了整改，并在大桥连接两岸的岸边建筑和绿化环境的比例上入手，以衬托大桥的体积和气势（图 19-20）。

5、制作总结：(1) 准备好齐全的资料、制定好详尽的方案并制作进程表。(2) 选择材料时既要考虑其强度、硬度、纹理等因素，又要考虑材料与材料之间的契合关系。(3) 控制好整体的形状、颜色等，要注意整体的协调，不要拘泥于细节的表现。(4) 通过这次的模型制作，组员们深入了解了悉尼海港大桥的结构及韵味，锻炼了我们的动手能力及团队协作精神。

6、已完成的模型作品欣赏（图 21-23）。

图 21 已完成的模型作品 1

晓港公园云桂桥组：吴桂坤 19 岁、王祖儒 20 岁、叶华国 18 岁、邱毅 20 岁、潘栩祥 20 岁、戚李铟 21 岁

1、比例尺 1:250

2、制作时间：3 天

3、前期准备：我们分为 3 组，2 人一组。采购组前往黄沙选购定量的木材粘合剂、草粉、草皮等材料。测量组带上电子测绘器前往晓港公园去对云桂桥的实体数据进行测量记录对云桂桥的细节雕刻以及周围环境进行拍照记录，并采集周围土壤植株样本。信息检索组负责在网上检索相关信息，如其他人做的云桂桥模型数据，以及模型的组装方法等。各组都完成任务后，当天晚上我们在工厂集中进行数据的交流以及把最终模型的比例定下来。定下比例后我们重新分组分配任务。具体分工是：桥身（分成栏杆和桥面 2 个部分）2 人负责，楼梯、桥两边以及广场由 2 人负责，地形沙盘（包括底座）由一人负责，桥墩由一人负责制作。

22
23
←
图 22 已完成的模型作品 2
图 23 已完成的模型作品 3

4、制作阶段

（1）桥身是在一块胶合模板上按形状大小画出了桥身的 3 段，然后把桥身大的形状切了出来。栏杆是先做出了栏杆的柱子然后用雕刻刀进行雕刻，再用打磨机打磨，最后通过 2 块薄模板进行叠加，以做出栏杆的层次感（图 24）。

（2）沙盘制作分为两个部分，先找来两块高密度的合成泡沫，然后把它的高度做成和水面到坡岸上的高度一样，再根据现场拍到的照片运用打磨工具打磨出桥梁周围的地形及河岸的曲折起伏形状，再进行草皮黏贴。当草皮制作完成时，我们发现颜色有点单调，就买了不同颜色的草粉进行调色，还在学校里捡了一些榕树枝来制作

24 | 25
26 | 27

图 24 制作桥墩
图 25 制作河岸栏杆
图 26 树枝进行修剪
图 27 地板修正

岸边的藤条，同时在岸边制作小栏杆（图 25）。

（3）模型大型制作出来之后，我们把做好的大零件进行尝试组装在一起，看下大概的效果。发现河岸太曲折了，就进行了一些主观处理，把它磨平了些。我们把买的树模直接插在沙盘上，感觉有点假假的就进行修改，对一些树枝进行修剪（图 26）。发现广场的地板太过于规整，现实中的地板可能会因为有些年头所以会出现损坏，我们对其修改，以求模型更加自然（图 27）。最后我们发现树与桥的组合与照片中的现实组合差距有点大，分别是树的位置和大小出了问题，因为之前只是对它们的形进行了修改，没有注意到它们的种植的高度及位置。我们马上进行修改。

5、制作总结

（1）我们在选择树形的时候太过随意，种植的时候也没太讲究位置，导致我们浪费了一些时间去调整。

（2）我们对水面的颜色不确定，导致在水面的处理上花费了很多时间。

（3）我们在模型的粘合阶段出现了问题，原因是粘合剂的选用不当，需要根据不同材料的属性选用不同的粘合剂。

（4）缺乏严格的考核制度，缺乏交流，以致组里有个别组员制作的东西不够精细，需要别的组员帮忙返工。

6、已完成的模型作品欣赏（图 28-29）。

图 28 已完成晓港公园“云桂桥”模型 1（1:250）

图 29 已完成晓港公园“云桂桥”模型 2（1:250）

三、课例总结

1. 学生对桥梁模型产生了浓厚的兴趣，模仿圣地亚哥·卡拉特拉瓦的运动结构作品不是纸上谈兵的抽象思维，是体现结构性能的技术逻辑美，以突出的技术美而感人，增加他的作品的“可读性”。

2. 本课很多模型作业并不能达到同学们原来想象的理想状态，但建筑美感和结构整体的运用比以前有很大的提高，得到理性与智商的锻炼。

3. 模型制作使学生学到不少技术性问题，如他们为了使其模型状态达到自己原来设计的要求，必须对每一个环节进行思考，在轻松自如的环境氛围中学到了科学的知识，这样的课程我想是他们学习和生活中不可缺少的一部分。

拾肆、教堂

一、教学目的

本课主要给学生介绍教堂的发展历史、空间形式变化和建筑外观雕刻装饰的艺术风格，使学生对教堂有一定的了解，并进入初步的创作，为将来从事设计打下基础。

二、教学步骤

1．专业导入

在联合国教科文组织的“世界历史文化遗产”的名单中，有大部分是教堂建筑。教堂是世界上建造用时较长的建筑物，如巴黎圣母院用了 87 年，兰斯主教堂用了 79 年，亚眠大教堂用了 68 年，查特里斯主教堂用了 5 个世纪，德国科隆大教堂前后 7 个世纪才完工，广州的圣心（石室）教堂用时最短，但也花了 25 年才完成。所以，教堂历史悠久，一般都是地方标志性建筑，是人们旅游观光的地方。在欧洲，教堂一般是城市的最高点，也是雕刻装饰最为精美的建筑。

基督教包括天主教、东正教和基督新教（华人俗称基督教），天主教、东正教也称为旧教，基督新教教称为新教。教堂的平面一般为拉丁“十”字形式，“十”在远古的时代是太阳的象征，光明的象征。十字架是古代的一种刑具，将受刑者的双手分别钉在用两根木交叉的木架上，并将受刑者高悬，使受刑者心力衰竭而死。耶稣被钉死在十字架，就是这种形式。四世纪罗马的君士坦丁大帝信奉基督教，废除十字架死刑，从此十字架成为基督教的标志，基督教堂的平面也慢慢演变为拉丁“十”字形式。教堂一般为东西走向，西面为正立面，是朝拜者的出入口，中殿和两廊是信徒们集会的地方，东面是后堂和圣坛。圣坛朝东，是信徒朝拜面向的方向，象征太阳崇拜。欧洲的教堂大致分为三种建筑风格，即罗马式、哥特式和巴洛克式。11 世纪以前，意大利罗马是基督教教会的中心，教堂以罗马风格（Romanik）的建筑形式为主，建筑平面是拉丁十字形式，顶部为圆形穹顶,象征宇宙。哥特式风格（Gotik）最初出现在法国，12 世纪以后，逐渐流行到整个欧洲乃至世界各地，风靡一时。其特点是教堂高而瘦，拱券像竹笋一样瘦长，拱顶有橄榄型的小尖，雕刻玲珑通透，窗户装饰色彩玻璃，在玻璃上描绘基督教的故事，一窗一幅画，像连环画，满目斑斓。哥特式高耸的造型象征冲破束缚，奔向天国。17、18 世纪后，欧洲教堂多为巴洛克（Barock）风格。建筑内外用大理石雕、砖雕和灰塑装饰，雕刻精细，色彩鲜艳，富丽堂皇。

(1) 圣彼得大教堂（罗马式）

圣彼得大教堂(Basilica di SanPietro in Vaticano)位于梵蒂冈，是罗马基督教的中心教堂，也是欧洲天主教徒朝圣的地方，总面积 2.3 万平方米，可容纳 6 万人同时祈祷。圣彼得大教堂是一座长方形的建筑，高 45.4 米，长约 211 米，建筑平面为拉丁十字架形式。教堂最初是由君士坦丁大帝于公元 326—333 年在圣彼得墓地上修建的，称老圣彼得大教堂，于公元 333 年落成，为罗马式建筑和巴洛克式建筑（图 1）。16 世纪，教皇朱利奥二世决定重建圣彼得大教堂，于 1506 年开始动工，在长达 120 年的重建过程中，意大利最优秀的建筑师布拉曼特、米开朗琪罗、德拉·波尔塔和卡洛·马泰尔先后主持过教堂的设计和施工，直到 1626 年 11 月 18 日才正式宣告落成，称新圣彼得大教堂。教堂圆穹顶部为最高点，可眺望罗马全城。圣彼得大教堂正前的露天广场是著名的圣彼得广场，建于 1667 年，广场排成四行的 284 根柱子，顶上有美妙绝伦的圣者塑像。

图 1 圣彼得大教堂鸟瞰图

(2) 巴黎圣母院（哥特式）

巴黎圣母院位于巴黎城中心，始建于 1163 年，于 1345 年落成，历时 180 多年，是一座哥特式风格的教堂（图 2）。教堂坐东朝西，祭坛、回廊、门窗雕刻装饰精细。东面正立面分为三大块，下层是三个门洞的装饰，门楣是“国王廊”，分别雕刻有二十八尊国王雕塑。1793 年，法国大革命时期，人民把这些雕塑作为泄恨的对象将其捣毁，后来重新复原。中央部分是艺术长廊，两侧是两个巨大的石棂

图 2 法国巴黎圣母院西立面

窗雕饰，中间是一个玫瑰花形的大圆窗，直径约 10 米，正中央是圣母、圣婴和天使的雕刻像。

(3) 广州石室圣心大教堂（哥特式）

广州石室圣心大教堂位于广州市一德路。它与西方教堂不同，南北走向，南面为正立面，这是西方教堂的中国化。教堂平面是拉丁十字架形式，东西宽 32.85 米，南北长 77.17 米，底层面积 2200 平方米（图 3）。南北两侧有一对八角形的尖塔，高 52.76 米。南正立面分三层：底层有三个尖拱形的门；中层是一个直径约 6 米的石雕镂空的圆形玫瑰窗；顶层为钟塔。东塔顶楼装有 4 具从法国运来的大铜钟，可发出高低不同的钟声，西塔装的是机械时钟。教堂中殿净高 27 米，相当于九层高的房屋。在教堂正立面和侧立面的山墙

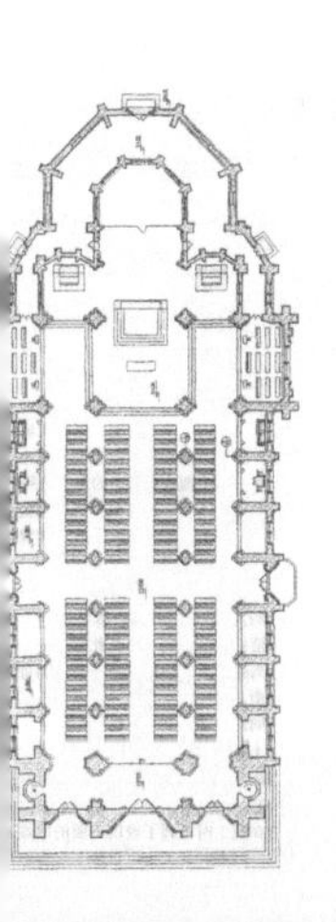

都有一个直径约 6 米的圆形玫瑰窗。其花心是“十”字形的，由花心向外散出 12 片花瓣。大门石门框外边各雕 7 根线脚圆柱，“八”字形排列，放射状向外排列，形成哥特式建筑的“透视门”，拱肋上用三角山墙尖花纹装饰。教堂的内部除了束柱、拱肋的装饰外，其它保留简洁的墙面。最得意的是教堂外面的排水口，雕刻成石狮头，没有按西方教堂一样做成形状怪异的怪物，这又是教堂中国化的一个例证。石室大教堂宏伟高大，拱肋高耸，交叉重叠，彩色玻璃五彩缤纷，让人们联想到天国(图 4-7)。

3	4	7
5	6	

图 3 广州石室教堂平面图
图 4 广州石室教堂外观
图 5 广州石室教堂的彩色玻璃窗
图 6 广州石室教堂的穹顶
图 7 广州石室教堂入口的八字形石门框雕饰

图 8 伊斯坦布尔的圣索菲亚大教堂博物馆外观

图 9 伊斯坦布尔的圣索菲亚大教堂博物馆内部穹顶装饰

(4) 圣索菲亚大教堂博物馆（拜占庭式）

圣索菲亚大教堂位于土耳其的伊斯坦布尔，修建时间为公元 532—537 年。教堂的平面为正方形，中央的浅圆顶有 40 条砖砌肋筋，架设在用厚重角柱支撑的 4 个拱上；圆顶两侧各有一个直径相同的半圆顶支撑，每个圆顶又各有 3 个附属的小圆顶支持，表现了当时创新建筑结构的精神。从环绕中心鼓形的 40 扇窗户射入的光线，加上从环形殿的窗户穿过拱门以及侧廊上方的窗户流泻进来的光线，交错融合，尉为壮观，使教堂的每个角落都很明亮。公元 1453 年，君士坦丁堡被土耳其人占领之后，圣索菲亚大教堂改为清真寺，在教堂外边的四个角落增建了火箭般的宣礼塔（图 8-9）。圣索菲亚大教堂现今作为博物馆用。

(5) 廊香教堂

廊香教堂是勒·柯布西耶（Le Corbusier）在 1950—1955 年建造的一个小教堂，位于法国东部索恩地区距瑞士边界几英里的浮日山区，坐落于一处山顶上。是根据教堂的主要活动仪式移到户外举

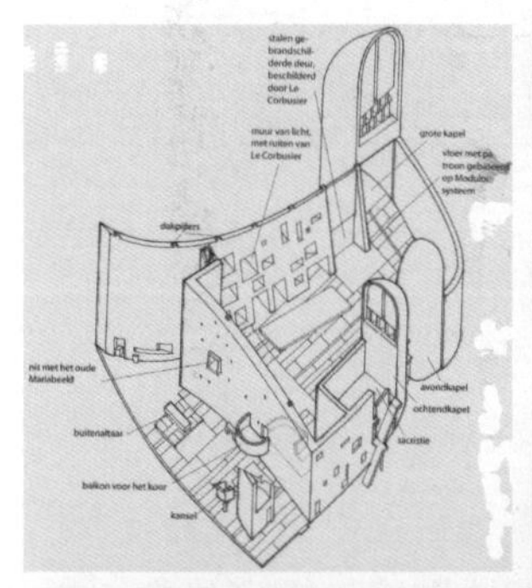

10 | 11
13 | 12

图 10 法国廊香教堂的解构图
图 11 法国廊香教堂小祈祷室光线效果
图 12 法国廊香教堂外立面
图 13 法国廊香教堂外立面

行的想法而设计，内部空间不大，有 3 个小祈祷室，位于较高的位置，便于顶部采光。廊香教堂讲究光线采集，有一侧墙面非常厚，在那些凹进去的不规则窗户上装有彩色玻璃，窗户像时光隧道，透着不同光彩，光线随太阳移动，使得整个教堂充满神秘感。屋顶用钢筋混凝土筑成壳状，外观简洁流畅，是另类的教堂形式（图 10-13）。

(6) 圣路德教堂

圣路德教堂位于中国山东省青岛市台东镇西五路的清和路口，原建筑为 1900 年德国传教士昆祚创办的信义会柏林教会礼拜堂，1925 年美国信义会差会接办柏林教会常务以后，改名为青岛基督教中华信义会清和路教会。1940 年得到美国信义协会青年团国外布道会的捐助后，在原建筑的基础上扩建新的建筑，于 1941 年 7 月完工，并命名为青岛信义会圣路德堂。圣路德堂由西方建筑师艾慕尔·尤力甫设计，他摹仿中国宫殿式的钢筋混凝土、木、石的混合结构。教堂平面为矩形，底部置高台阶，屋顶为歇山顶，墙面开设西式老虎窗，建筑装饰保留着欧洲基督教堂风格。教堂形式灵活，欧洲的装饰手法与中国传统建筑的屋顶、牌坊、垂花门结合，别具一格，充满趣味，是中国近代中西方文化交融的一道独特的风景线（图 14）。

图 14 青岛圣路德教堂

2. 教堂模型制作过程

千禧教堂组：陈颖翀 19 岁、林伟展 19 岁、刘振江 19 岁、何炯衡 19 岁、蔡鸿凯 19 岁

1、我们小组经过多次的磨合，最终选择了制作教堂模型，同时，把千禧教堂模型的比例确定为 1 : 75 缩尺作为本次作业。

2、模型制作的前期阶段，组员分工去图书馆查找相关的资料，包括千禧教堂的平、立、剖面图纸，因此，对模型制作的要求和制作千禧教堂的步骤有了初步的了解。同时，把制作方向定为现代简约的装饰风格。该简约风格对于我们初次制作模型来说能有效地降低制作难度，因此，简约风格制作的提出即得到组员们的同意。

3、首先选取一块完整的木板进行裁锯，由于我们的辅助工具有限，很多材料必须手工裁切，所以，在一推一拉中看到底座慢慢成形时，也激活了组员的制作热情（图 15-16）。

4、制作时根据已有的建筑草图，使用暗合千禧教堂特点的材料（如白色 KT 板、卡纸、木板、有机玻璃片、PVD 板、木条、双面胶、塑胶管、假草坪等）表现其三维空间及周围景观，做到与平、立、剖面图的数据和效果相对应。通过这一环节的实践，培养了我们的读图能力、设计思维和综合运用所学理论知识分析和解决实际问题的能力（图 17）。

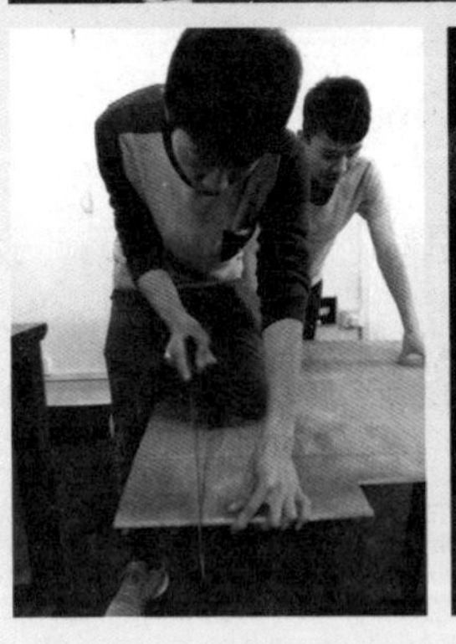

图 15 裁切底板
图 16 将总平面图复制到底版上
图 17 我们组采用分工的方式进行制作

5、在空间模型制作中我们组遇到了很多的问题，但都被一一克服了。譬如：教堂顶部的三个弧面，是整个模型制作难度最高的结构，组员们多次经过查找资料后的推倒重来，不断总结制作经验；有时，甚至在同个地方反复出现同个错误，但最终都被组员的耐心所攻克（图 18-19）。

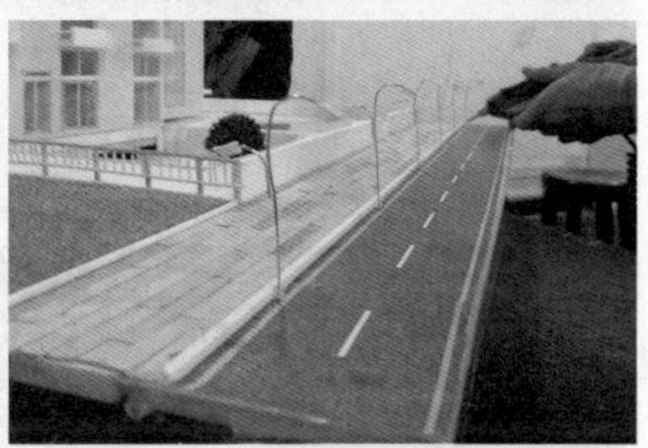

18	19
20	21
22	23

图 18 制作弧面
图 19 3 个弧面制作完成
图 20 制作内部设置
图 21 制作外部玻璃落地窗
图 22 制作外围绿化
图 23 制作外围小道

图 24 模型俯视图

6、为了营造教堂的气氛，我们在内部装饰和外围布置方面也作出相应的完善，如，内部椅子的设计、神台的摆设、外围的绿化等（图 20-23）。在这次模型制作过程中，我们体会到专业理论知识和实际动手能力的重要性；同时，团队的协作和精进，在成就一件事物时的不可或缺。

7、已完成的作品欣赏（图 24-28）。

25
26
27 | 28

图 25 模型正立面
图 26 模型侧立面
图 27 模型后立面
图 28 模型整体效

巴黎圣母院组：房丽丹 21 岁、刘通 19 岁、雷丹 19 岁、李镇诚 20 岁、朱学令 20 岁、叶湛才 20 岁

1、制作时间：2016/4/25 ~ 2016/5/17

2、制作材料：各种木板（轻木板和木条等）、502 胶水、直尺三角尺、圆规、磨砂机、砂纸、美工刀、竹签、垫板、雕刻刀、牙签。

3、模型比例 :1:200

4、由于已经做了 1 件模型，所以对模型制作有了比较清楚的了解。这次我们组决定做巴黎圣母院，在制作之前就有构思模型的效果，如，巴黎圣母院的建筑风格特别细腻，且是古建筑，所以我们比较倾向于用原木做模型（图 29）。

5、第一天我们就全组出动去了黄沙购回模型所要用的选材。接着全组就解读巴黎圣母院具体数据和解决图形的问题。为了找到数据我们花了不少心思，去很多建筑设计网站，还有上网购买图纸，但是都没有具体的数据，所以，在这种情况下，我们其中一位组员想到了用软件“草图大师”最终算是把数据精准地算了出来，解决了数据的问题（图 30-31）。

6、巴黎圣母院的建筑外观和内部结构相当复杂，我们经过一个星期的努力，反复研究建筑图纸，并且在老师的指导下基本掌握了建筑的构造。所以，我们决定开工了，当然也有一部分原因是我们对第一次模型作品的不满意。脱离了第一次做模型的陌生感，我们对第二次模型作品的要求更高了，同时，我们充满信心与干劲（图 32）。

29	32	30	31
33	34	35	36

图 29 选用木料
图 30 找出具体数据，转化成模型数据
图 31 做个局部构件对一下数据
图 32 利用软件（草图大师）再对一下数据
图 33 铁窗模型 1
图 34 铁窗模型 2
图 35 撑拱模型
图 36 塔尖模型制作

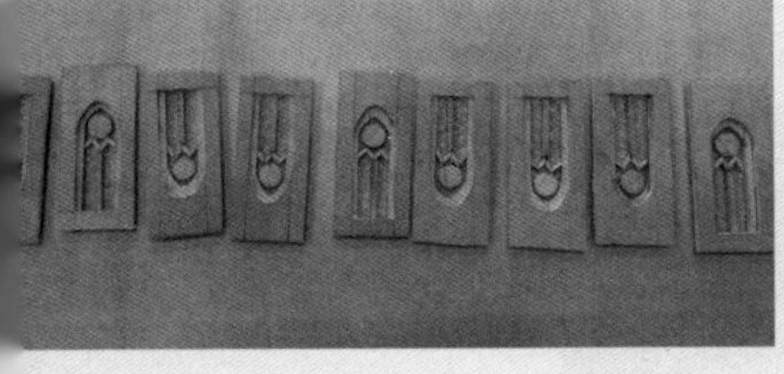

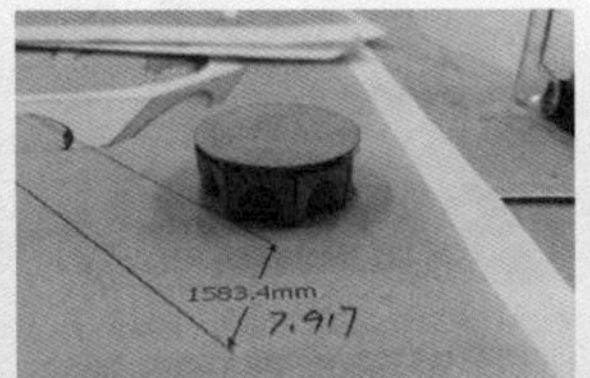

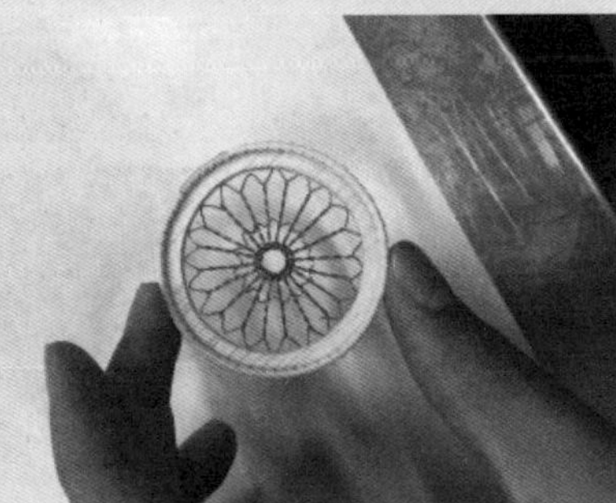

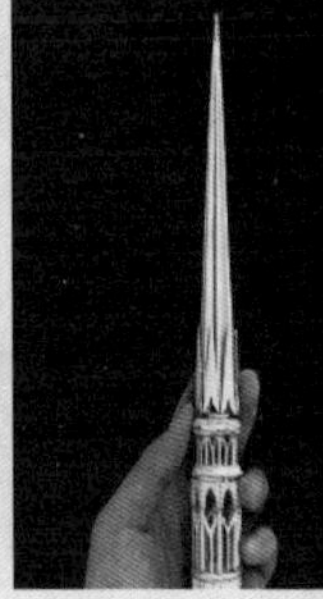

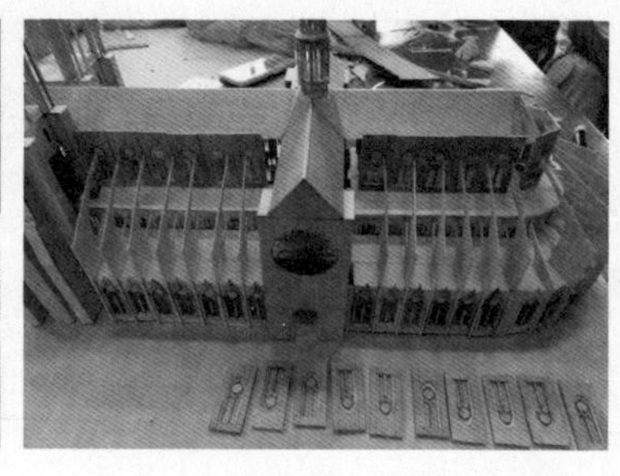

37 | 38 | 39

图 37 大骨架基本完成
图 38 细部装饰 1
图 39 细部装饰 2

7、由于巴黎圣母院的细节甚多，所以我们把每个细节都拆分开来，图纸都有十几张，然后再按照图纸分工给组员们。女生主要负责一些容易裁切的材料做细节，男生则负责裁切一些较厚的木板。因为我们做的模型并不是很大，而且分工合理，所以我们下课的时候，各自将自己负责的部分带回宿舍去做，如果不好好利用时间，模型可能就做不完。等各自做完之后，我们拿到教室再组装起来（图33-36）。我们在做之前也看过别人做的巴黎圣母院模型，所以尽量地精雕细琢，幻想着模型做出来后的精致模样，一定非常棒。

8、每次裁切木板时，我们就渴望可以有激光切，因为买的木板材料真的特别难切。因为不能切错，而且切出来之后还要细心打磨，时刻要使每一个构件都准确美观。裁切好的构件用 502 胶水黏贴起来，有些特别小的构件，一不小心，手就被粘住了（图 37-39）。

9、巴黎圣母院建了 180 年才完工，所以各个立面都非常丰富复杂。我们分解的每一张图纸也就代表最终模型的每一个细节，所以，每张图纸绘制出来之后，我们都一起讨论。比如，建筑实物的细节缩小后无法实现时要用什么方法来表现它的细节。因为建筑实物之大，模型比例之小，所以，很多精雕细琢的东西我们就放弃了，只

40 | 41
43 | 42

图 40 细部装饰 3
图 41 细部装饰 4
图 42 细部装饰 5
图 43 细部装饰 6

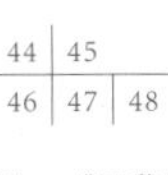

图 44 “巴黎圣母院”模型南面
图 45 “巴黎圣母院”模型西面
图 46 “巴黎圣母院”模型东面俯视图
图 47 “巴黎圣母院”模型十字架塔尖
图 48 “巴黎圣母院”模型西面两个塔楼

能尽量做到整体的美观精致（图 40-43）。

10、我们生怕时间不足会给我们的制作带来困扰，现在模型做出来了，收获更多的是充实与满足。我们队伍更加有默契并且陷入一种无声的配合当中。

11、已完成的作品欣赏（图 44-48）。

三、课例总结

1. 本课要求学生认识教堂的建筑形式和风格，模型结构形式和装饰风格制作的优劣是判别作品成功与否的关键。教堂结构繁复、模型制作技术和工艺要求较高，学生必须对其完全理解和对每块模型材料进行充分思考后才能制作。

2. 学生是在了解的基础上对教堂模型进行制作，从制作中可以看到学生的心灵意象于教堂设计艺术之中。

3. 学生从分析图纸到立体模型制作是在愉快的学习状态下完成的，当制作到“得意忘形”的时候，已经忘记了原来的创作主题，成为另类的建筑。

4. 本课使学生学到了教堂的建筑形式和装饰特点，对以后从事专业创作和审美有一定的帮助。

拾伍、天文台

一、教学目的

本课通过介绍天文台的来源、作用及发展，分析天文台的建筑特征，让学生们了解中外天文台在不同时期、不同地域的建筑形式、艺术特点及空间围合的关系等。培养学生对天文学的兴趣，掌握不同地域天文台建筑的特点，学习在设计中如何将文化和功能结合起来，培养空间组织的能力。

二、教学步骤

1. 教学导入

在远古时代，艺术来自心理和物质实用性的需要，人们希望通过艺术形态来获得自然力以外的力量，从而萌发了来自内心深处的信仰和寄托。由于人们崇拜太阳神，所以建造了天文台来记录太阳的运动轨迹，同时也作为人类祈福、祈神恩赐的场所。如约建于公元前 2300 年的英国巨石阵天文台（图 1），是一个由许多巨大的蓝砂岩组成的建筑群，巨石阵中有几个重要的位置用来指示夏至日太阳升起的地方、冬至日太阳下降的位置。巨石阵天文台反映了古代人类奇特的建造力和审美特征，表现超强的空间围合能力，是科学和宗教的衍生物。在中世纪时期，宗教和神学流行，建筑艺术都有浓厚的宗教与神学的色彩，当时的天文台主要用于祭祀和观察太阳的运动，为宗教信仰而建立，是举办宗教活动的集散地。同时，也为神学研究而建立，是研究天体运动的阵地。如约建于公元 1000 年的墨西哥库库尔坎金字塔（图 2），作为古老的奇琴伊查羽蛇神信仰而建立的神庙。金字塔塔底为正方形，高约 30 米，共有 365 台阶，象征一年四季有 365 天。这座古建筑经过精心设计，其精确度令人叹为观止，如每年春分和秋分的日落时分，北面一组台阶的边墙会在阳光照射下形成弯弯曲曲的七段等腰三角形，连着底部雕刻的蛇头，宛如一条巨蛇从塔顶向大地游动，象征着羽蛇神在春分时苏醒，爬出庙宇，而且，每次幻像持续 3 小时 22 分。库库尔坎金字塔由此成为高超的天文计算的象征。

1 | 2

图 1 英国巨石阵天文台
图 2 墨西哥库库尔坎金字塔

欧洲文艺复兴时期，人们崇尚自然与科学，开始轻视神学，这个时期欧洲的天文台主要用于探测行星的运动轨迹与天体的奥秘。这时期的天文台造型为古希腊、古罗马的古典形式，象征科学和理性，强调建筑造型的美观，如这时期建立的巴黎天文台（图 3），表现了东罗马古典主义的大穹顶建筑，厚重的体积感，优美的柱式线条，强调反力量感和线条美。17、18 世纪欧洲君权制度时期，重视天文学，很多国家通过天文学来寻找自然科学拓展的机会，天文台主要用于观察气象和星体运动，如建于 1642 年的丹麦哥本哈根圆塔（图 4），是国王克里斯钦四世时期的杰作。当时国王克里斯钦四世想把哥本哈根建成北欧最美丽的大都市，把圆塔建在一片古老拉丁派的建筑群中间，与哥本哈根大学图书馆和圣母教堂连在一起，构成一道独特的风景线。圆塔由两部分组成：圆塔和教堂钟楼。圆塔既是教堂的正门，又是天文观测台，同时还是哥本哈根大学图书馆的出入口。有趣的是设计者还别出心裁地在圆塔内设了半径 7.5 米的螺旋状坡道（图 5），可供马车上下通行。19 世纪的欧洲，出现了新的建筑思潮，在结构、功能、材料运用和装饰上都有新的变化，其中折衷主义是一个重要的流派，如坐落在巴黎附近的瑞维西镇上的法国弗拉马里翁天文台（图 6），是弗拉马里翁利用一座旧建筑改造的一座私人天文台，他在原建筑的基础上增设了一架日晷，一间天气实验室和一个科学图书馆。这座建筑表现了折衷主义风格、工业革命时期钢架和玻璃的运用。20 世纪以来，天文学迅速发展，出现了各种类型的天文台，有的是纪念型的，有的是生态型的，如日本群马县天文台是为了纪念日本首位女宇航员进入太空而建造的（图 7）；韩国的 Daewon Park 天文台是概念型的天文台，表现了时代性（图 8）。

中国古代的帝王将相建造灵台来占星，殷商时期极盛，然而保存至今的灵台并不多。元代天文学家郭守敬建的登封观星台，距今约七百多年，但保存完好，它反映了我国古代天文台的建筑特色和

4	3
6	5
7	8

图 3 巴黎文艺复兴时期的天文台
图 4 丹麦哥本哈根圆塔
图 5 圆塔里可供马车上下通行的螺旋状坡道
图 6 法国弗拉马里翁天文台
图 7 日本群马县天文台
图 8 韩国的 Daewon Park 天文台

技术水平（图 9）。观星台是用来观察星体运行地点的，同时也是古代帝王展示自己成就和宣誓自己未来事业的地方。明清时期，东西方文化交流频繁，中国天文台建筑加入了一些西方元素，从建筑装饰到仪器设备都受西方的影响，如北京古观象台是明清时期的天文观测中心（图 10），又如清代制造的八件大型铜制天文仪器在结构、刻度、游表上都有着西欧大型天文仪器的风格和功能，是明清东西方天文学交流的历史见证。

天文台一般建在地势较高的山上或空气比较清新的城市郊外的高地上。因为地球被一层大气包围着，城市的灯光、空气中的烟雾、尘埃和水蒸气等的波动对天文观测都有一定的影响。星光要通过大气才能被天文望远镜看到。以前天文台屋顶大多采用半圆型，是为了天文仪器观测的需要。但随着科技的发展，观测仪器不断改进，天文台的建筑形式也就不局限在屋顶半圆型的形式上。建筑结构力学的迅速发展，推动各种材料的开发使用，使得今天的天文台形式多种多样，而且，越来越有地域文化特色。只要天文台符合人体工程学，符合建筑的建造标准，符合一定的审美要求，建筑形式就可以百花齐放。

10 | 9

图 9 郭守敬建的登封观星台
图 10 北京古观象台

2. 教学重点、难点

在设计中如何将文化与功能结合起来，学会空间组织的能力是本次教学的重点。

3. 理念的提取+形式的转化=草图

A. 理念的切入是建筑模型的灵魂所在，没有理念的体现，建筑模型是冷漠的，没有情感的，并不能引起观众的共鸣。

B. 形式的转化是建筑由理念变成实体模型的重要阶段，形式的转化可以让学生掌握最基础的设计技巧，让其更快的切入模型制作。

C. 设计草图是表现想象、思考的重要媒介，暗藏对模型制作过程中所产生问题的解答，要求学生以严谨的态度开放思维。草图可以多画几张，并且选其中最感兴趣的那张来制作立体模型。

4．天文台模型制作过程（小学生组）

任何建筑形式在制作前都必须构思好，特别是理念及其表现形式。因为建筑表现的内容是极其丰富的，它不仅仅是一个外壳，更需要文化内涵的支撑；所以在制作天文台模型时，必须先让学生对本课产生兴趣，然后将其理念用形式表现出来，这样学生才知道建筑模型制作的步骤，以及空间组织和围合的关系。然后，根据建筑形式选择合适的材料进行制作，不同的材料会产生不同的感官效果。在模型制作的过程中，随时可以根据空间的尺度做适当的修改，使模型更加合理和有趣。

A. 要求学生根据其要表达的建筑形式，选取合适的材料。

B. 鼓励学生开拓材料的可塑性与表现性。

C. 立体模型制作要从底座做起，从下到上，从整体到局部，从构架到装饰，循序渐进，以创新、精致为目标（图 11-12）。

11 | 12
13

图 11 选择用黑白两种颜色作为我作品的主色，还是很有力量感的，我的底层基础已经做好了

图 12 我就选用红和黄两种吸管作为我作品的主要材料

图 13 我的天文台大骨架还是结实的

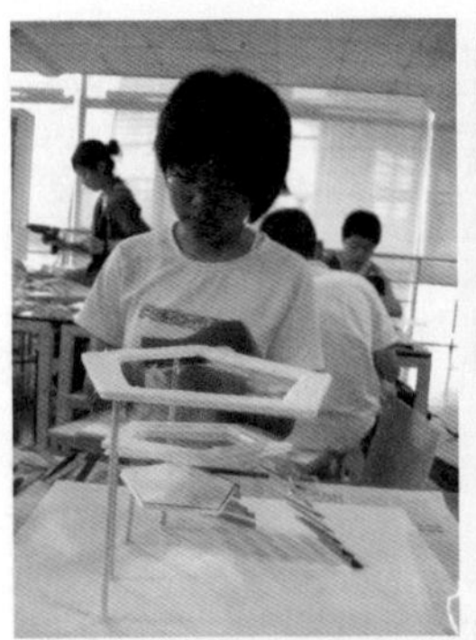

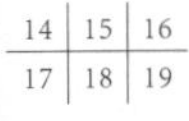

图 14 大骨架做好了，我下一步该如何装饰和细化呢
图 15 我从顶层的细化入手
图 16 让我思考一下，细化材料的透明胶片是否与骨架的木质搭配协调
图 17 我作品的主题体现出来了吗
图 18 这样的结构有节奏感吗
图 19 我们休息了，作品就放这里，下次课再做

D. 制作过程的详细步骤：

a) 首先选好自己所需要的原材料，并进行分类；

b) 在底板上规划好主体及景观装饰的位置，并可用铅笔轻轻画上；

c) 切割大材料，以符合自己作品的尺寸；

d) 从底座做起，要做得稳固，以便能撑起其他部件；

e) 用比较能承重的材料制作骨架部分（图 13）；

f) 制作装饰部件，要比较精致（图 14-15）；

g) 装饰阶段要思考每一块材料如何运用，使其与作品的其他部分协调（图 16）；

h) 焊接各部件用的胶枪要插电 5 分钟，等胶枪发热把胶条融化后才能使用，焊接之后要细心检查每一个部件是否焊接得牢固；

i) 已经是半成型的作品要思考下一步如何再装饰和提炼主题（图 17-19）。

20 | 21

图 20 作品（陈甘昕 14 岁）
图 21 作品（黄　涛 13 岁）

22
23
24

图 22 作品（王泽澄 13 岁）
图 23-24 合作作品（李泓基 13 岁、潘勇胜 13 岁）

27 25
28 26

图25 作品（陈甘昕14岁）
图26 作品（黄　薇11岁）
图27 作品（陈甘昕14岁）
图28 作品（黄　薇11岁）

E. 每位同学在制作的过程中都会碰到困难，建议同学们互相帮助。

F. 结束后让学生用图文方式总结课堂学习心得和感想。

G. 小学生作品赏识（图20-28）。

三、课例总结

1. 本课对小学生难度较大，但课题比较新鲜，天文台知识对于求知欲强的小学生来说是适合的课题，充满新鲜而科幻的色彩，学习起来比较有兴趣。

2. 天文台形式的发展蕴含着世界建筑形式的发展，对于小学生来说是一个了解世界建筑的机会。

3. 模型制作是一件惬意的事情，各种形态的小学生天文台模型熠熠生辉，有着非凡想象力。

4. 本课是跨越式思维的表现，没有规矩的结构，没有单一的色彩，小学生们思维更为开放和活跃。

"My Architecture" I designed
“我的建筑”我设计

拾陆、我的“房子”

一、教学目的

本课通过介绍“房子”的艺术特征、空间布局和建筑造型，让学生了解民居的设计理念、不同构件的装饰特点，以及空间围合的关系等，并进行初步的艺术创作，培养学生的空间创造能力。

二、教学步骤

1. 专业导入

“房子”是供人类居住的建筑物，随着人们长期实践经验而产生了空间和装饰风格的改变。人类最初的“房子”是巢居和穴居，仅为遮风挡雨，保暖防卫，为了满足人们的不同需求，现代的房子，有完善的空间，而且建筑类型纷繁复杂。现代“房子”有的像玻璃盒子，有的像方形格子，有的像魔术球，有的很摩登，有的则保持着传统风格，其功能与装饰有机结合，形式向多元化方向发展。如伦佐·皮亚诺设计的巴黎 Schlumberger 工作室的再修葺。Schlumberger 在巴黎南部郊区的 Montrouge 的工业种植区，设计师保持楼梯、栏杆、桥梁和窗户框架原来的构架，新增加的设备经过限制性的设计，与老建筑物协调，把现存的混泥土框架粉刷成灰色，把老的钢铁结构油刷成红色，把窗户框架油刷成绿色，把流通中心设计成绿色，把空调设计成蓝色，这样设计目的是区分各成分之间的差别，使它们看起来更加明显，并互相吸引形成一个新的整体，成为一个典型的工作室（图 1）。又如奥特拉姆（John Outram）设计的剑桥大学法学院大楼，是由一栋病房楼扩建而成，中庭的边界被设计成重重叠叠的几何形休息平台，将建筑的各部分有机地联系起来，各个建筑构件都被装饰上耀眼的色彩，特别是“机器人柱”和“机器人梁”里面容纳了各种高尖的设备，使建筑充满神秘的色彩（图 2）。

“现代主义”建筑思潮产生于十九世纪后期，成熟于 20 世纪 20 年代，在 50—60 年代风靡一时，以几何形为构图元素，追求简洁明快的感觉，如有的追求墙面光滑、钢结构轻巧、大片玻璃晶莹反光等。现在流行的有文脉主义、摩登主义、解构主义等等。这些有好的一面，也有不好的一面，我们要用批评的眼光来看问题，要善于从传统中吸取精华，来弥补现代摩登“房子”的不足，片面的理性主义、摩登主义以及单纯的经济主义，都会使我们的“房子”过于呆板和千篇一律，也过于形式主义。本课鼓励学生发挥创造能力，设计属于自己心中的“房子”，要避免犯城市住宅的“盒子”弊病，也不能像某些农村住宅那样浪费土地，创造出具有特色的“房子”。历史上出现了许多优秀的“房子”设计，可以供我们学习和借鉴，其设计手法与当时的生产力、建筑技术、文化水平有一定的关系。下面讲述几个例子，供同学们参考。

1 | 2

图 1 伦佐·皮亚诺设计的巴黎 Schlumberger 工作室
图 2 奥特拉姆（John Outram）设计的剑桥大学法学院大楼中庭

(1)F.l. 赖特设计的自己的住宅（橡树园）

橡树园（1889—1909 年）是 F.l. 赖特为自己设计的住宅兼工作室，在这里他和第一任妻子凯瑟琳结婚，并生下了六个孩子。橡树园的草原式建筑风格（PrairieStyle）初见端倪，平面呈带状，由长方形、四方形与八角形自由组合（图 3），立面朴素典雅，强调水平方向线条的自由流动，比较低矮的形体比例，使建筑与周围绿化环境融合（图 4）。橡树园的各个出入口前都有绿化，如一条绿篱、一口水池或一座人造假山，与建筑相映。设计室的主出入口比较隐蔽，要经过两道小门才能进入；台基抬高，门口有 4 个廊柱，雕刻着象征智慧的鹈鹕，工艺精细(图 5)。F.l. 赖特是一位多才多艺的设计师，信奉“艺术表现全部工作”的理念。他设计的建筑都会设计配套的家具，如橡树园住宅的家具都是他自己设计的，造型特别，富有个性，

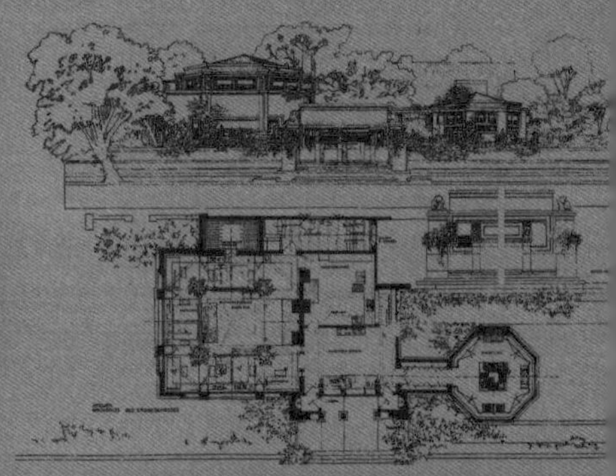

尽管大多数家具用起来不舒服，但艺术价值超过实用价值（图6）。

(2) 安东尼·高迪（Antonio Gaudi）设计的米拉公寓

西班牙建筑设计师安东尼·高迪（Antonio Gaudi）在1905—1910年在巴塞罗那为实业家佩德罗·米拉设计的米拉公寓，运用折衷主义的手法，打破了当时一般建筑的规范，将伊斯兰建筑的装饰风格与哥特式建筑的结构相结合，以浪漫主义的幻想力塑造了别样的“房子”，这座“房子”简直是一座大雕塑（图7），平面布置的墙线曲折弯扭，每一个房间近乎“离方遁圆”（图8）。高迪设计的这座建筑外观柔和，外墙不带任何直角，把艺术融入传统建筑学，

3	4
5	6

图3 F.L.赖特的“橡树园住宅”
图4 F.L.赖特的“橡树园住宅”的平面立面图
图5 F.L.赖特的“橡树园工作室”廊
图6 F.L.赖特为橡树园设计的家具

建筑墙面粗糙，凸凹不平，打开窗户，仿佛是被海水浸蚀后又被长期风化的布满孔洞的岩体，屋脊、屋檐和围廊高低错落，像波涛汹涌的海面，富有动感，阳台栏杆用铁条和铁板材料缠绕，扭曲回绕，如同岩体上挂着一簇簇杂乱的海藻。屋顶上的楼梯出口和烟囱等被塑造成有的似神话中的怪人、有的似花蕾、有的似骷髅等（图 9-1、9-2）。整座建筑有两个大型天井，一个是圆形，一个是椭圆形，它们能让室内都能被自然光照射，这起到通风采光的作用（图 10）。

10	7
8	9-2
9-1	

图 7 安东尼·高迪（AntonioGaudi）设计的“米拉公寓”
图 8“米拉公寓”的房间
图 9-1“米拉公寓”的鉄栏杆和屋顶的楼梯出口
图 9-2“米拉公寓”的鉄栏杆和屋顶的楼梯出口
图 10“米拉公寓”天井

11-1	11-2
12	13

图 11-1 路易斯·巴拉干设计的住宅
图 11-2 路易斯·巴拉干设计的住宅
图 12 路易斯·巴拉干的住宅兼工作室的窗户和阳台
图 13 路易斯·巴拉干住宅的客厅

(3) 路易斯·巴拉干设计的自己的住宅

路易斯·巴拉干于 1947 年在墨西哥郊外为自己设计了一栋三层楼的住宅兼工作室，外观简朴，与一般房子相比，其最大特点是它有厚实的混凝土墙、表面刷涂鲜艳的颜色、向外凸出的窗户（图 11-1、11-2）。巴拉干住宅一层是家庭生活的公共区，包括厨房、餐厅、接待室、书房等，二层是卧室，三层是卧室和大阳台。大阳台运用超现实主义的手法建造了高耸的围墙，使房子与周围喧嚣的环境隔离，创造出一个相对封闭、宁静的空间。住宅有巨大的落地窗可以观赏室外的花草和远处的丛林。厚厚的墙体和窗子上设计的竖框和横框作十字交叉架，在强调框架作用的同时给人以神秘的想象（图 12）。客厅的墙体由石块砌成，并刷成粉红色，加上简单的家具，界定了客厅的空间（图 13）。没有扶手的半开敞楼梯可以通到住宅各层，有一段木质的陡楼梯，从工作室开始，迂回通向一扇从不开启的门。

(4) 山西省灵石县的王家大院

王家大院有着悠久的历史，位于山西省灵石县静升镇静升古村落，始建于元代，为罕见的九沟八堡十八巷的整体格局。王家大院是静升古村落的一部分，为清代康熙、乾隆年间的建筑。建筑群的基本单元为四合院布局的组合，因为四合院能满足人们的物质要求，同时也符合中国封建社会的贵贱等级制度的需要，也便于宗族社会解决的昭穆、内外等问题。王家大院的基本单元与其它地方不同的是它是“敞”开式的四合院结构，内外分界不够明显，如倒座和厢房的设置。因为大院落有高墙环绕堡城，从而使合院各单元可以设计得比较自由，随意地围合，显示中国传统建筑布局的无穷魅力（图14）。比较高级的合院中，建筑有两层：“下窑上房”，以正房为合院的中心，强调礼属中的“正”和“中”，突出院落的中轴线（图15）。而黄土坡的高低纵横地势带出了串联的套院和并联的跨院。合院逐渐由单进扩展为多进，垂花门和照壁是单元院落的“界限”，起到空间分隔的作用，代表从属关系和社会的身份（图16）。王家大院的雕刻装饰比较简朴，木雕多采用镂通雕的形式，一般是门厅檐下、厅堂落地罩、翼拱和雀替的木雕装饰。砖雕雕刻方法仿照木雕的方法，主要是在影壁、屋脊、墙身和屐头等部位，内容为民间传说和吉祥图案。建筑石雕主要在柱础（图17）、抱鼓石、望柱、垂带石、拴马石等部位。建筑石雕雕刻比砖雕难度高，费时费工比较昂贵，精雕细刻用来显示主人的财富和身份。

14 | 15

图14 王家大院环绕城堡的转角瞭望台
图15 王家大院的单元院落

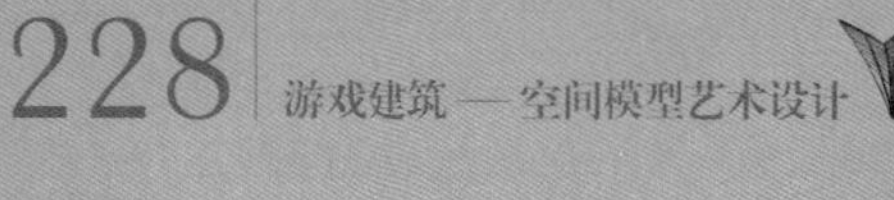

16 | 17

图 16 王家大院单元院落的照壁
图 17 王家大院柱础手绘图（梁润能 19 岁）

2．民居测绘（时间:2011 年 3 月 28 日至 4 月 6 日，测绘地点:山西平遥古城）

建筑测绘：广东工业大学本科生一年级学生（18—19 岁）

测绘地点：山西省平遥古城

A. 教学前教师要收集民居的资料，课上给学生讲述民居的设计方法，介绍中国民居的传统经验，当前世界上一些建筑设计大师的设计思想，及其与中国传统民居设计思想的相同点。现代许多西方设计理念来自于中国传统建筑，中国传统建筑的设计理念与实践水平远比西方先走一步。

B. 让同学们选择自己住宿的民居来测绘，以小组为单位，4—5 人为一组，分工合作，一套完整的图纸必须有平面图、立面图和剖面图。

C. 给学生讲述室外空间的布置，如天井、屋前、屋后和内庭的空间处理关系。建筑的平面取决于建筑物留出的空间的闭合程度和边线的凹凸形状。建筑之间的空间限定了建筑的基本布局，就如同墙壁限定了房间的形状轮廓一样。

D. 测绘的步骤是让同学们先画草图，测出数据，然后上墨线。教师在学生测量的过程中要给予具体的指导，让学生按照规范来操作，避免走弯路。

E. 本次测绘的民居为三合院和四合院，提醒同学们在测绘过程中注意空间设计与采光、通风与阴影的关系。三合院和四合院井字形内天井的建筑平面是通风、采光最好的，而且可利用的建筑密度也是最大的。这种“集中式”的设计具有安全防卫、景物集中、光线生动表现的作用。

F. 学生测绘作品（图 18-26）。

18 | 19
20
21
→

图 18“鸿锦泰二部”手绘实测平面图（梁俊杰 18 岁、陈咏恩 18 岁）
图 19“鸿锦泰二部”正厅(学生拍摄)
图 20“鸿锦泰二部”手绘大样图（李柳雁 18 岁）
图 21“鸿锦泰一部”手绘实测立面图（伍丽娟测绘 18 岁）

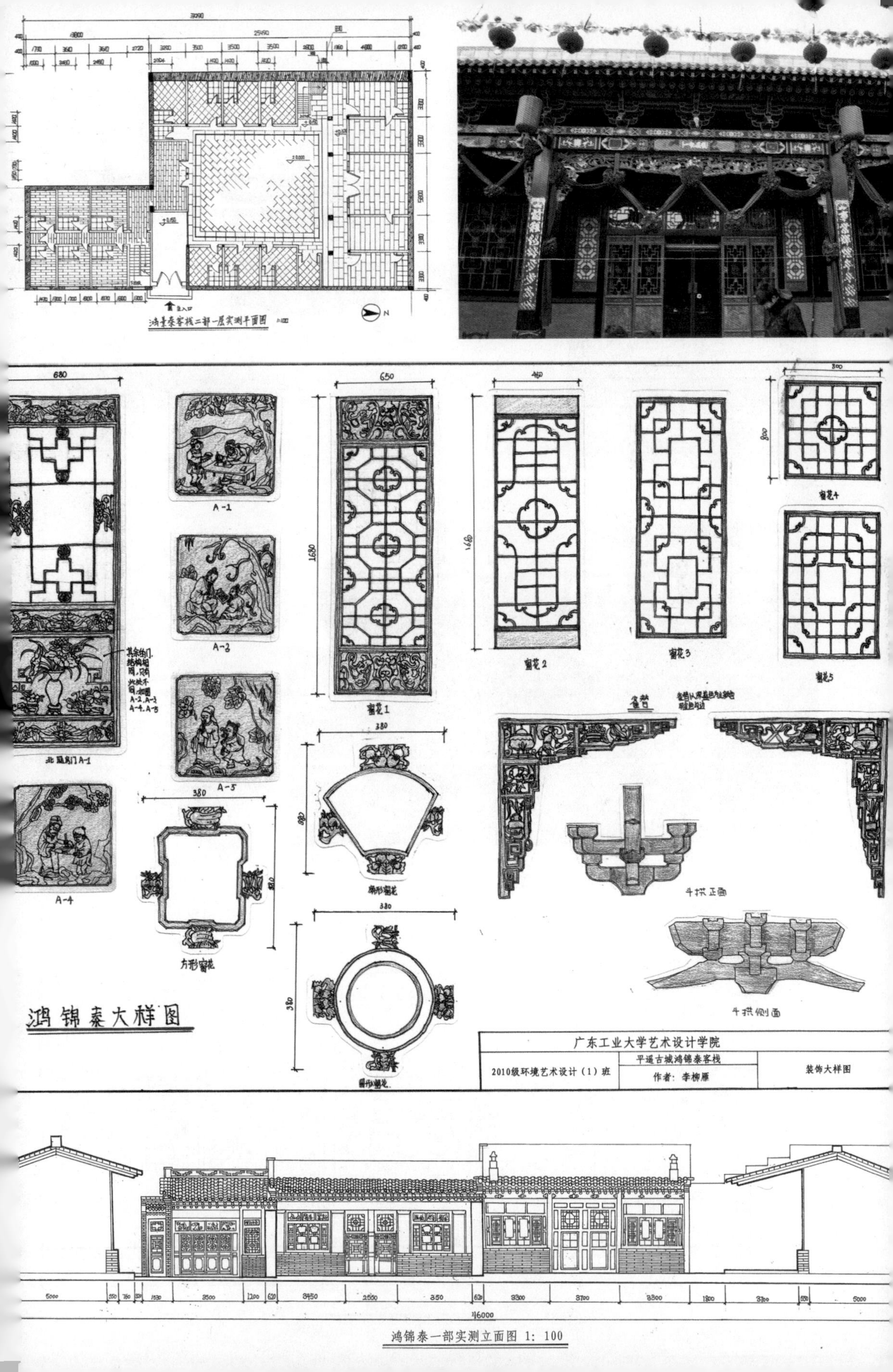

A-1
A-3
A-5
A-4
北厢房门 A-1
窗花1
窗花2
窗花3
窗花4
窗花5
扇形窗花
方形窗花
圆形窗花
雀替
斗拱正面
斗拱侧面
鸿锦泰大样图
广东工业大学艺术设计学院
2010级环境艺术设计（1）班
平遥古城鸿锦泰客栈
作者：李柳原
装饰大样图
鸿锦泰一部实测立面图 1：100

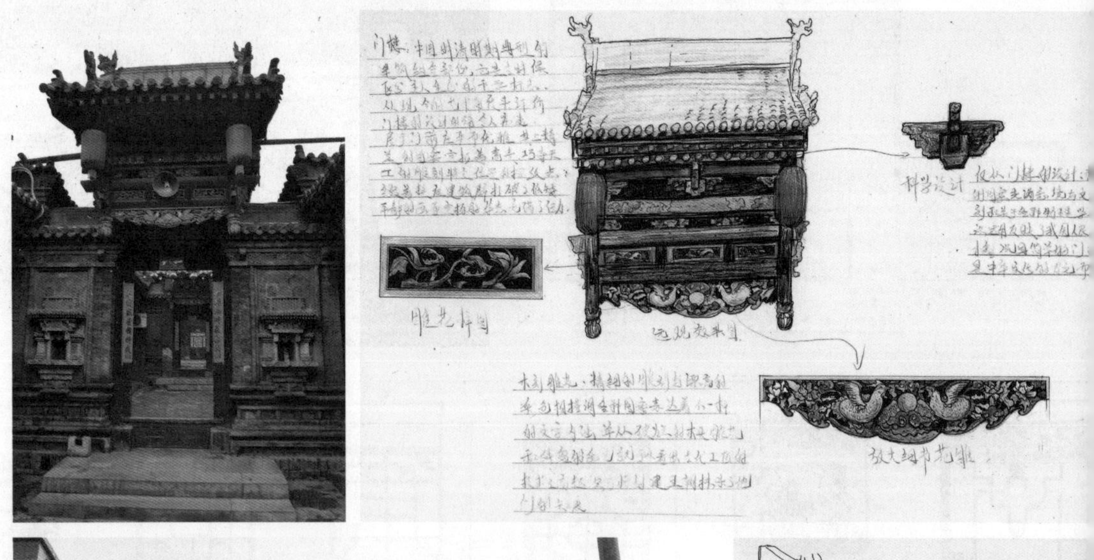

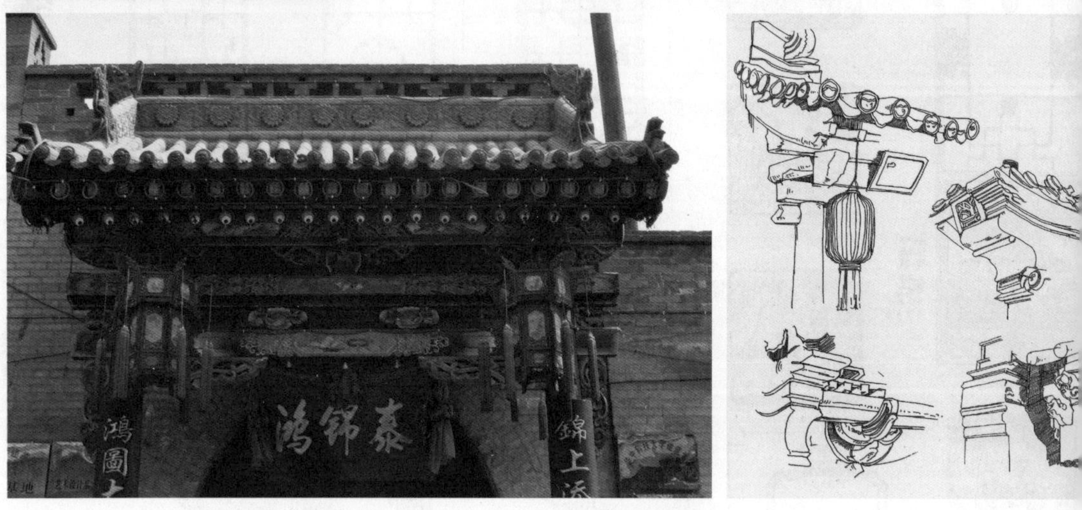

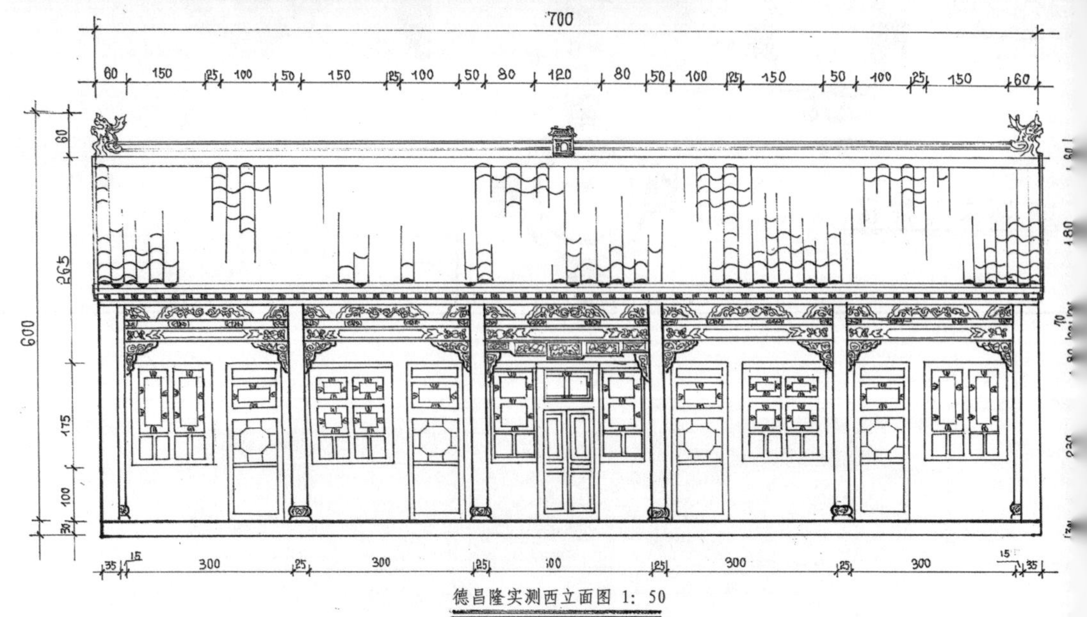

德昌隆实测西立面图 1: 50

3. 我的“房子”制作过程

萨伏伊别墅组：林绮婷 19 岁、林诗婷 19 岁、黄棉铃 19 岁、黄举文 19 岁、高鹏 19 岁、陈文创 19 岁

1、比例尺：1:100。

2、材料：白色雪弗板、透明塑料玻璃。

3、步骤：因为三层的萨伏伊别墅每层都不同，建议一层一层的做，从底层开始，先在底板上设置柱子和墙体，然后覆盖二层楼板、加楼梯，再做第二层；三层同理。

4、我们在组长分工好任务后，每人负责自己的制作部分，包括三层平面图的绘制到内外墙墙体，以及室内部件的绘制和切割（图27）。这个阶段是以准备部件为主，为后期的搭建做准备。部件的制作没有我们想象的那么简单，精准的数据，细致的裁切都在考验我们的耐心和细心（图 28-32）。在第一层的部件准备完成后，我们开始了第一层的搭建（图 33-35）。透明的塑料板不好粘贴在泡沫板上，于是我们就想出了在泡沫板上切出塑料板弧度的缝隙，使它很好地与透明塑料板嵌合起来。

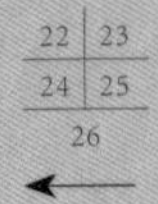

图 22 “鸿锦泰一部”垂花门（学生拍摄）
图 23 “鸿锦泰一部”垂花门手绘大样图（何燕武 18 岁）
图 24 “鸿锦泰一部”门厅（学生拍摄）
图 25 “鸿锦泰一部”屐头手绘图（吴天明 19 岁）
图 26 “德昌隆”西立面手绘实测图(黄创权 20 岁)

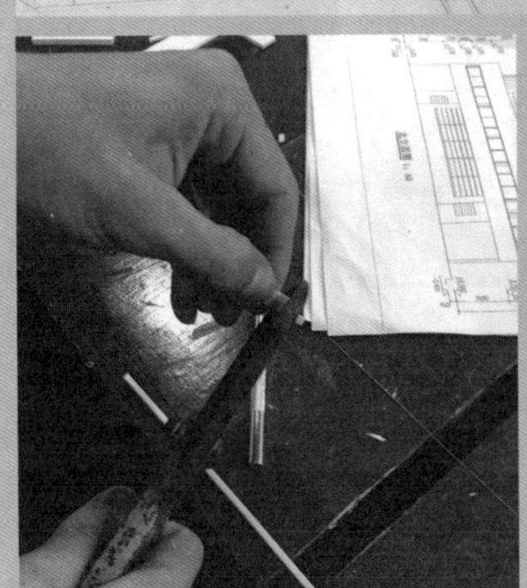

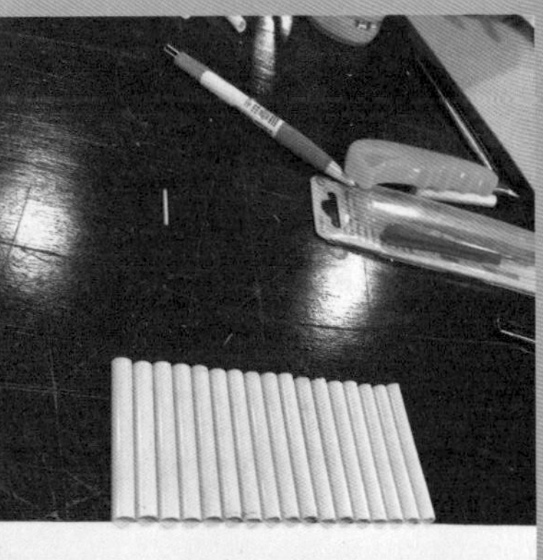

27 | 28
29 | 30

图 27 绘制平面图
图 28 制作细小部件 1
图 29 制作细小部件 2
图 30 制作一层的柱子

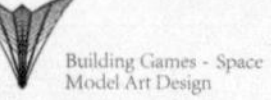

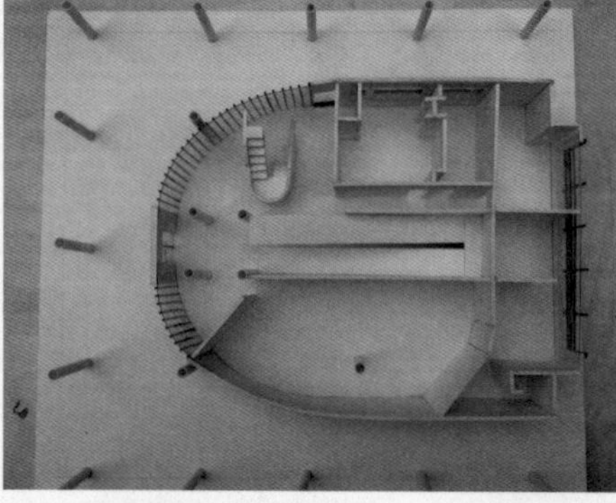

31 | 32 | 33
33 | 34

图 31 用黑色喷漆给窗户的框架上色
图 32 制作外墙大窗户
图 33 一层围合 1
图 34 一层围合 2
图 35 一层围合 3

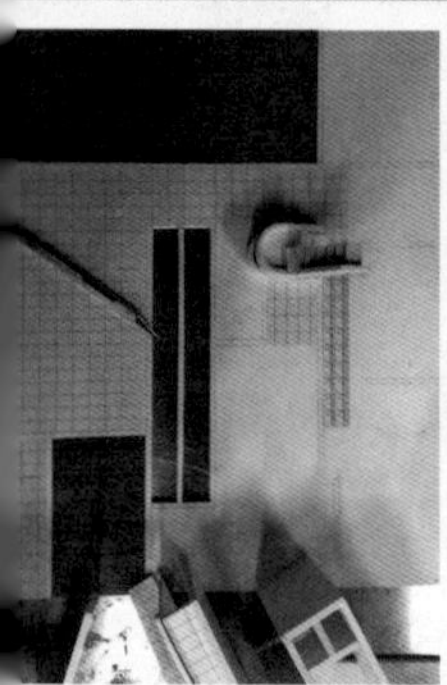

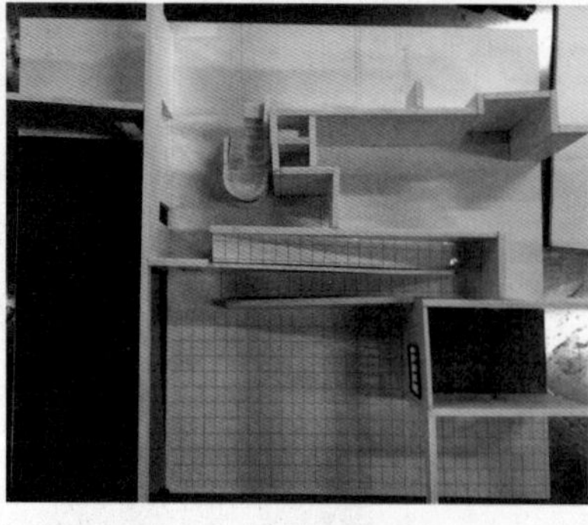

36 | 37
38 | 39 | 40

图 36 二层制作 1
图 37 二层制作 2
图 38 二层制作 3
图 39 二层制作 4
图 40 二层地板贴纸的铺设

5、我们组的模型采用分体结构设计，制作完成后每一层可以单独分开展示（图 36-39）。所以每一层的不同房间地板都有铺设相应的瓷砖或木质地板。地板的铺设是用瓷砖贴纸和木质纸张粘贴完成

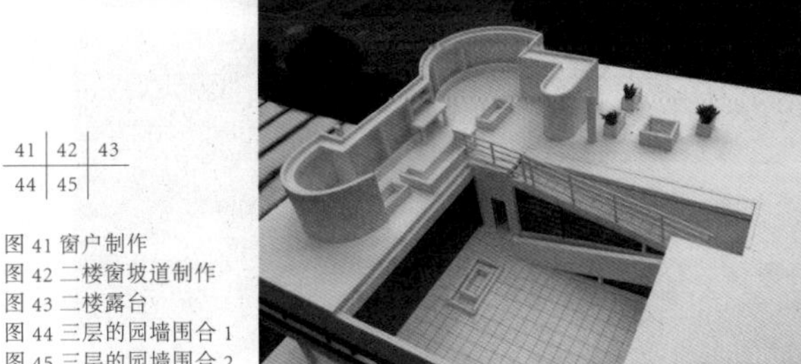
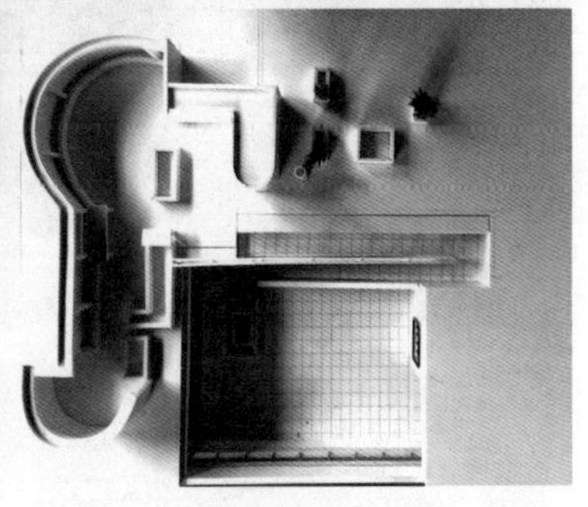

41	42	43
44	45	

图 41 窗户制作
图 42 二楼窗坡道制作
图 43 二楼露台
图 44 三层的园墙围合 1
图 45 三层的园墙围合 2

(图 40)。由于房间的形状多样，贴纸必须切割出很多形状并且保证尺寸的吻合，这个工作给我们带来很大的挑战。

6、旋转楼梯是这个模型中精细度最高的一部分，因为部件又多又小，切割出来再根据图纸中的楼梯形状一阶一阶粘合，而且楼梯位置狭小，我们在粘合过程中需要用到镊子等工具来夹取和固定零件（图 41）。

7、二楼阳台楼梯的窗户制作需要用到透明塑料板和喷上黑漆的塑料条。我们运用了制作大窗户框架的方法，做出了黑色质感的窗户框架（图 42-43）。

8、第三层的弧度墙体制作很有难度。一开始我们随便切割出的泡沫板不容易弄弯曲，一用力就会折断。后来，经过我们反复琢磨，发现泡沫板的中间部位比较柔软，韧性比边缘部分要好，这样第三层有弧度的墙体也被顺利地安装好了（图 44-45）。

9、已完成的作品欣赏（图 46-50）。

图 46 已完成的作品 1

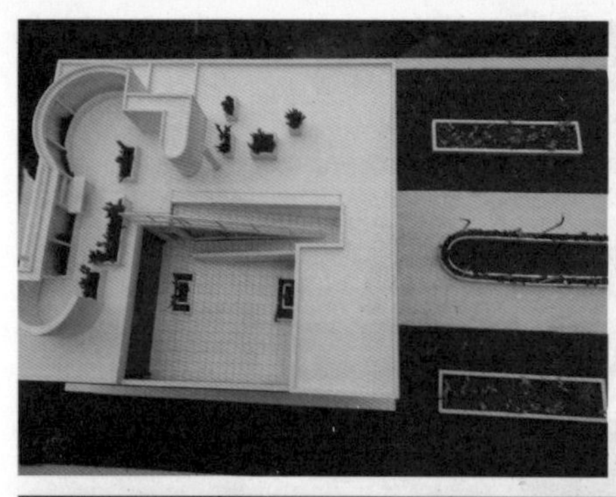

47	48
49	
50	

图 47 已完成的作品
图 48 已完成的作品
图 49 已完成的作品
图 50 已完成的作品

GORKI 别墅组：陈桂秀 19 岁、陈再福 19 岁、郭天仕 19 岁、刘勤 19 岁

1、模型名称：GORKI 别墅

2、比例尺：1:65

3、选题：我们选的方案是由 Atrium 事务所设计的位于俄罗斯莫斯科的 Gorki house。这个住宅是为一对夫妇和他们的孩子设计的。住宅位于莫斯科西部，立于一个小山顶上，周围环绕着松树林。场地三面美景，只有北侧的景观稍微差些，所以建筑师决定将北侧封上。这个想法导致了折叠板面的形成，这个折叠结构被稍稍抬高，高于地面，形成住宅内部空间。折叠结构创造出一系列室内室外空间，服务于住宅的功能需要（图 51-52）。

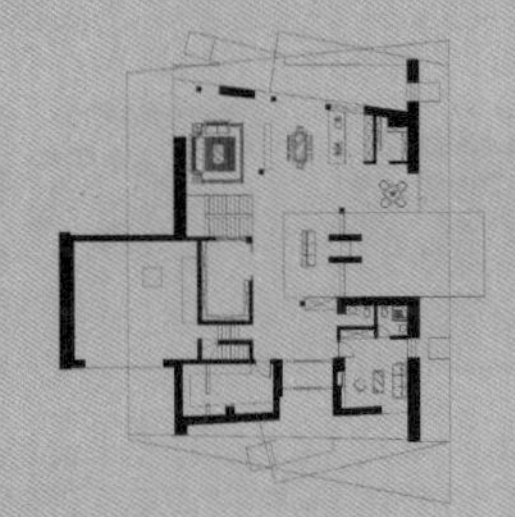

51 | 52

图 51 一层平面布置图
图 52 二层平面布置图

关于选题，我们觉得非常地成功。首先，建筑本身具有很强的艺术造型感，给人很大的视觉冲击力，没有高难度的曲面结构，无形当中降低了模型的制作难度。其次，天花板灯具的排列、走道扶手的栏杆，墙面瓷砖的铺装方式、木质墙面饰面板、楼顶及二楼墙体斜度的处理，充分展现了建筑的细节魅力（图 53）。

图 53“GORKI 别墅”现状

4、主要材料：ABS 板、Acrylic（俗称有机玻璃）、轻木板、XPS 挤塑板、ABS 圆管 / 棒等。

5、辅助材料：3 秒胶、U 胶、白乳胶、草 / 树粉、电源变压器、DC 电源插座、开关、电线及 LED 灯等。

6、制作工具：美工刀、刀片、剪刀、镊子、直尺、丁字尺、自动铅笔、磨砂纸、马克笔等。

7、模型制作：模型制作过程中主要分为建筑框架、家具两个部分同时进行。

（1）家具制作：主要以 PVC 板和布料为主，粘合剂以 U 胶为主，所有家具都是纯手工制作的，由于尺寸太小，所以制作难度比较大（图 54-56）。

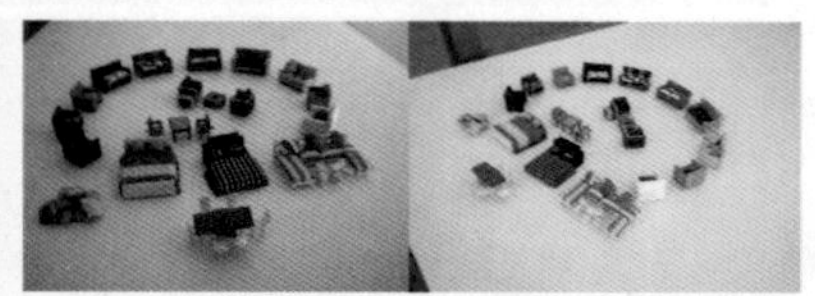

54 | 55
56

图 54 家具制作
图 55 家具集合图 1
图 56 家具集合图 2

（2）主体建筑制作：建筑框架以 PVC 板为主要材料、在制作过程中最大的难题就是二层，由于二层所有墙面都有一定的倾斜度，想要精确裁板是比较难的。模型整体色调为灰色和白色。屋顶和室外走廊地板主要采用通过喷漆在裁好的 ABS 板材上喷出特殊的纹理的肌理效果的方式，以达到预期的效果。同样的，在砖墙的处理方式上，也是采用这种方法做成砖墙的效果。另外，通过对轻木板进行打磨及其他一些特殊方式，做成木质墙面饰面板的效果。室内方面，地板主要采用打磨轻木板的方式加工成原木地板，墙面主要采用低墙（图 57-63）。

8、灯光制作：在灯具的选择上，我们选用的是LED 灯；对于灯具的安装及线路的铺装，首先在 ABS 板上定好灯具所在的位置，然后用直径比灯具直径稍大麻花钻开洞，做成筒灯状，然后分别把冷

57 | 58 | 59

图 57 一层框架结构
图 58 二层框架结构
图 59 护栏结构

60 | 61 | 62

图 60 楼梯结构
图 61 主体建筑制作过程
图 62 细节处理

暖两种灯安在开好的洞里面，再用胶水固定灯具。其次，有条理地对路线进行整理。通过冷暖灯的混合交替安装，以达到整体照明效果的和谐，避免整个照明环境的偏暖或偏冷（图 64-65）。

9、制作总结：在此次模型制作中，尽管中遇到了诸多问题，但我们小组团结地寻找问题的原因，并及时进行修正，最终如期地完成了模型的制作。其中最深的体会是模型的制作首先要做好前期材料、工具的准备，同时理清制作的思路，把握整体，最终对模型进行细节的完善，以便更好地达到预期的效果。模型的制作过程中吸取的教训是：对于小错误切不可忽视，必须重做时绝不能迟疑，要对错误进行及时修正，从而避免因为小错误要将模型推倒重做的情况。

图 63-1 模型制作完成效果

图 63-2 模型制作完成效果

三、课例总结

图 64 室内灯光制作完成效果

1. 我的“房子”课例与学生的生活息息相关，如何设计自己的房子，能激发学生无限的幻想和创作兴趣，使“房子”形象融于艺术创作之中。

2. 本课例让本科生与小学生一起学习，混合式的教学方式要求教师要有足够的综合知识，因材施教，让大、小学生学到不同层次的知识。我的“房子”课程涉及到建筑学各个方面的知识，如：技术和工艺方面的问题，本科生可以为小学生解答，本科生辅导小学生的同时从他们作品中吸收了创造力，小学生从本科生中吸收了理性的思维，学会了建筑形式的选择和材料的选用。在诱导方面，小学生进入较快，同一主题的创作使他们交流缩短了距离。

图 65 灯光制作完成效果

拾柒、我的“餐厅”

一、教学目的

本课给学生介绍餐厅设计的功能、布局、装饰、服务、主题、文化及格调等方面知识，使学生对餐厅设计有一定的了解并进行初步的创作，为将来从事室内设计工作提高审美能力。

二、教学步骤

1．专业导入

人类离不开饮食，中华饮食文化更是博大精深，在世界上享有很高的声誉。“精、美、情、礼”四个字反映了饮食活动过程中饮食品质、审美体验、情感活动、社会功能等所包含的独特文化意蕴，也反映了饮食文化与中华优秀传统文化的密切联系。在21世纪这个追求个性化、多样化的消费时代，人们追求物质享受的同时也对精神层面提出了更高的要求。顾客在现代餐厅品尝的不仅仅是菜式的“色、香、味”，更重要的是其与众不同的就餐环境和独树一帜的餐饮文化。餐厅设计也不断有新元素、新材料、新风格、新手法注入其中。

餐厅的功能定位由业主按照自身的要求来定主题，餐厅功能的使用与组织原则是设计师通过设计来实现，在设计中实现业主的商业性要求为目的。设计师设计之前要对市场进行调研，根据业主要求与市场调研分析结果来进行功能与风格定位。功能定位主要包括消费群体、消费水平、餐饮档次以及室内各部分的功能划分。正确的功能组织，以及对光效和声音环境的设计驾驭，是餐饮空间设计的根本，也应该是最优先考虑的问题，其他形式都是为功能服务的，功能、环境要在设计中和谐统一。

餐厅的总体布局是通过交通空间、使用空间、工作空间等要素共同创造的一个整体。空间划分主要包括以下几个空间区域：

a) 顾客空间：通道（停车场）、走道、座位、餐桌；

b) 管理空间：服务台、办公室、员工休息室、仓库等；

c) 调理空间：厨房、配餐间、冷藏间等；

d) 公共空间：接待室、走廊、洗手间等。

一个成功的餐饮空间不仅要有合理的功能布局、宽敞的工作区间、高效快捷的人流路线、舒适的就餐环境，还需要健康的冷暖设备系统和通风系统、良好的排风排烟系统和安全的消防设施。

目前餐厅可分为中式餐饮、西式餐饮和日式餐饮等。

(1) 中式餐饮

中式餐厅是提供中式菜式、饮料和服务的餐厅。根据服务内容可分为以下几种：

A. 中式宴会厅：比较正规而且功能多样，它可以用活动门间隔成许多小厅。一些大型宴会厅开宴会时可容纳 500 人以上，开酒会时可容纳 1000 人以上。

B. 零餐餐厅：装饰比较简洁明快，各种设备器皿配置比较实用，环境舒适并具有时代性。

C. 快餐厅：快餐厅的内部装饰清洁而明快，用餐人员时段性强，流动快。

D. 自助式餐厅：设计要求个性化，比较随意。

E. 茶室是一种比较高雅的餐饮，可细分为田园风格、古典风格、乡土风格。

(2) 西式餐饮

西餐厅是向客人提供西式菜式、饮料及服务的餐厅。主要有以下几种类型：

A. 扒房：一般是酒店里最正规的高级西餐厅。它很讲究位置、设计、装饰、色彩、灯光、食品、服务等。

B. 咖啡厅：是酒店必须设立的一种方便宾客的餐厅。根据不同的设计形式，有的叫做咖啡间、咖啡廊等，以供应西餐为主。

C. 欧式茶室：中国的欧式茶室布置仿国外茶室的装饰，营造一种异国情调。欧式茶室以卡座设置较为普遍。

(3) 日式餐饮

日式餐厅设计讲究空间的流动感，注重自然风格的设计，餐厅的装修除了在使用上必须符合日本人的生活习惯外，风格上也依照日本的传统形式。整个设计显得简洁大方，线条流畅。

(4) 实例：餐厅的室内设计

A. 醉云南滇味民俗餐厅

醉云南滇味民俗餐厅采用了大量的透光设计，同时还将许多云南民族物品和理念融入其中。服务台和用餐环境（图 1）的设计采

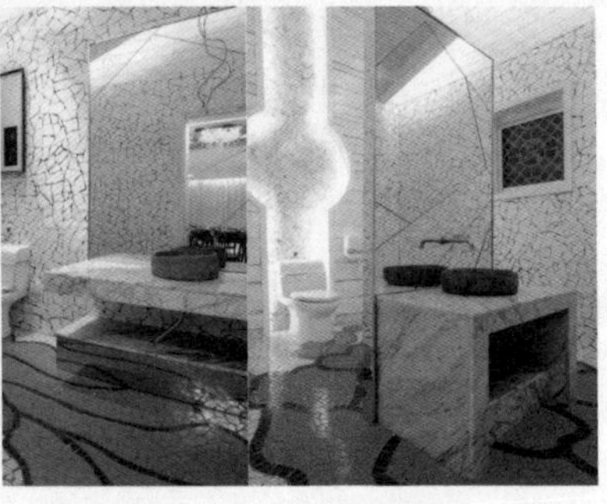

1 | 2

图 1“醉云南滇味民俗餐厅”的民族服装文绣的图案
图 2“醉云南滇味民俗餐厅”碎瓷盘的拼贴

用傣锦拼贴出民族服装文绣的图案，别具风格。大厅用木条组成的几何图案作装饰来渲染云南的神秘，体现云南的历史。二楼入口处有印花普洱茶饼、碎瓷盘的拼贴（图 2）、腾冲的皮影、彝族虎图腾的虎眼灯、大理风花雪月的花片吊灯、不锈钢的孔雀把手，三楼的空间则采用纯白的色调，地板镶嵌着马蹄铁，历史的脚步印于足下。

B. 东莞虎门雨花西餐厅

东莞虎门雨花西餐厅（图 3）将整体与细节精致巧妙地融合，向人们展现了一个静谧典雅的就餐环境，红白相间的圆形水晶灯层叠垂下，不但起到视线的阻隔作用，同时构造出一个柔和温暖的空间

3 | 4

图 3“虎门雨花西餐厅”的服务台和过道中的仿古砖
图 4“虎门雨花西餐厅”的室内装饰

环境（图 4）。它运用灯光这个空间的魔术师来烘托整个用餐环境，镂空的雕纹玻璃花墙精致地融合了中西古典的精华，透过淡绿色的灯光，闪烁着剔透的色彩，构成整个餐厅的视觉中心。

C. 澳门顶上餐厅

顶上餐厅由泰国古式的木制建筑延伸出餐厅的形象识别系统，再衍生至整体空间概念，将泰式屋顶重新诠释。以“面”、“雕刻”、或重复单一元素来架构天花板整体造型。虚实交错，或阻隔、或穿透，将元素贯穿于整个室内空间（图 5），呈现出有别于传统泰式的另一种泰式餐厅风格。顶上餐厅强调整体空间的独特性，营造更富有泰国人文氛围的用餐环境。

D. 泰国萨拉普吉岛餐厅

萨拉普吉岛餐厅是泰国普吉岛一个主要度假的餐厅。它与周边环境相协调，该餐厅的设计也体现美、简、静三个要素。热带气候和海滨位置为其带来地理优势，所以设计师将其设计成露天凉亭式

图 5 澳门“顶上餐厅”的室内空间和天花板造型

的餐厅（图 6）。该餐厅共包括 50 个室内座位和 70 个室外座位，为了让顾客最大化地俯瞰海滨风景，该餐厅和酒吧的设计呈横向延伸。室外布局庄重，室内设计精致，运用了分裂和旋转技术设计出不同的图案。同样的技术也运用到吧台的面板设计之中（图 7）。

2. 范例：餐厅设计方案

A. 教学前教师要收集餐厅设计的资料，介绍国内外一些出色的案例、世界领先的设计思想，给学生讲述餐厅设计要遵循的规则，手法和功能布局等各方面的要求。

B. 教师给出一个特定的地形环境，让学生进行餐厅整体方案设计，要配合城镇规划建设，同时与周围的环境、建筑物相协调。

6 | 7

图 6 “萨拉普吉岛餐厅”的户外环境
图 7 “萨拉普吉岛餐厅”的天花板设计和餐桌

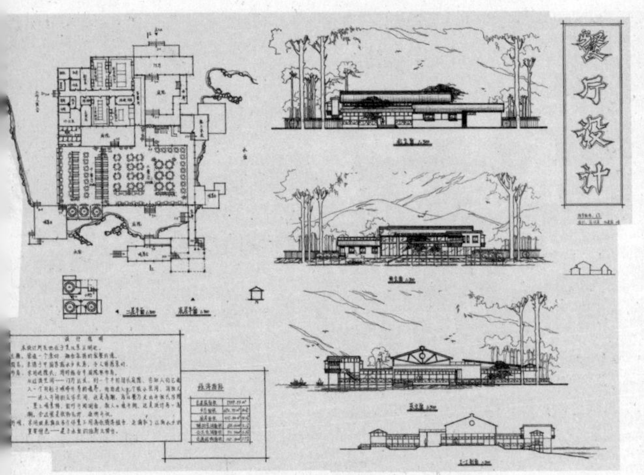

8 | 9

图 8 餐厅设计方案(范仪贞 18 岁)
图 9 餐厅设计方案(李　琪 19 岁)

C. 要求学生绘制的图纸必须完整，要有平面图、立面图、剖面图和效果图。

D. 学生设计的作品

a) 该方案所在地为某风景区的湖边，主题是营造一个亲切、融合的就餐氛围。方案构思来源于中国苏杭水乡民居。餐厅采用进院式布局，同时结合中国园林布局。客人从作为过渡空间的门厅出发，到一个半封闭式庭院，能够感受到进入了一个有别于喧哗外界的境界；而后进入一个较小空间，再进入开阔的主体空间；从餐厅走出开放式后院，登上观景楼，面对开阔的湖面，让人心境开朗，这是设计的另一高潮。餐厅设计是欲扬先抑，逐渐开放。外观采用坡屋顶及各个体量不同高低错落组合，还摘取了江南水乡的重要特色——建于水面的挑廊及楼台（图 8）。

b) 本方案在满足功能要求的前提下，结合地形，创造一个造型较为新颖的餐饮建筑。餐厅结构是由一系列无序的轴线墙围绕圆形的处于地形最凹处的水面上的大餐厅、入口广场、门厅以及厨房构成,这可以加强体型的辐射性。中、小餐厅绕一个准半圆的庭院围合，增强弧线的引导。庭院分成高低两部分，利用高低差制造人工瀑布。绿化中、小餐厅的屋顶，开辟屋顶绿化观景平台。入口广场左侧种两排具有轴线状的树，与建筑体形相呼应；右边把树设计成方形，使之与不规则的建筑体形对比。把室外水引入门厅，用水引导人流走向（图 9）。

c) 此设计处于公园里的湖边，四周景色优美，绿波荡漾。因此采用外向型的设计手法，如餐厅的主要立面全采用外倾的玻璃，建筑部分伸向湖中，设置露天餐座等，以求将室外景物引入就餐者的视线中，拉近人和自然的距离。本设计的平面运用了古典主义的构图手法，以达到和谐一致的效果，造型犹如一艘即将起航的轮船。向外倾斜了 30 度的玻璃墙体形成独特的室内空间和外部体量，高处

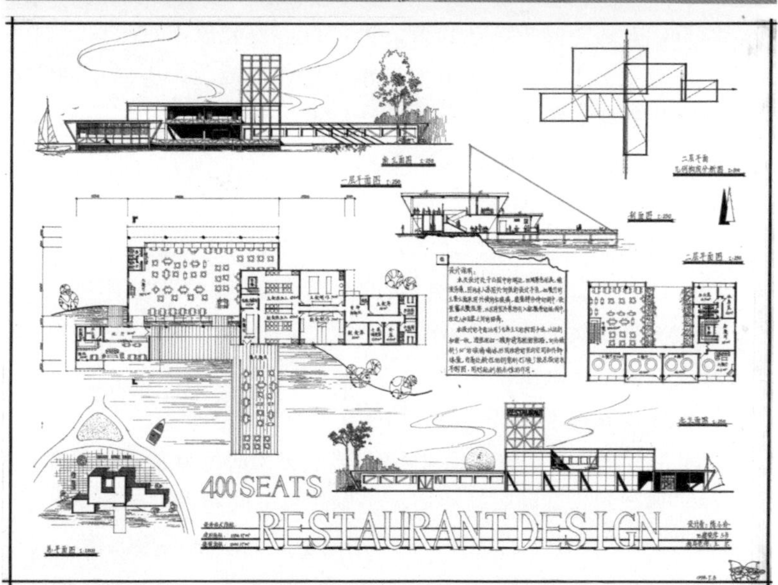

10

11

12

图 10-12 餐厅设计方案、效果图
(陈小玲设计)

斜拉的钢索打破了较呆板的水平构图，同时起到标志性的作用（图10-12）。

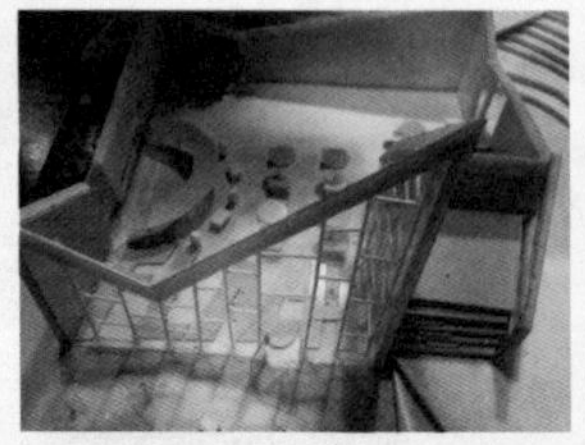

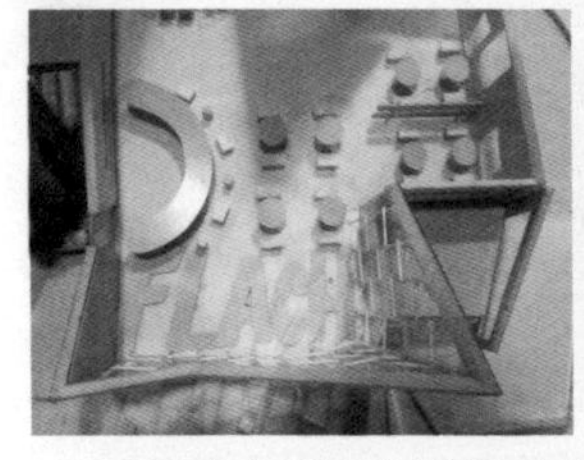

13	14	15	19
16	17	18	20

图 13 制作主体建筑的围墙
图 14 制作餐厅外围的台阶
图 15 制作餐厅内部的餐台 1
图 16 制作餐厅内部的餐台 2
图 17 制作餐厅内部的餐台 3
图 18 制作餐厅外围的桌椅、板凳 1
图 19 制作餐厅外围的桌椅、板凳 2
图 20 制作餐厅外围的水景

3. 餐厅模型制作过程

蒙娜丽莎队餐厅组：陈永劲 19 岁、梁炜健 19 岁、冯梓浩 19 岁、龙爱群 19 岁、刘海燕 19 岁

1、我们小组制作的“餐厅”在建筑形式上参考了很多资料。设计之初，组员们把装饰风格的方向定位在现代化，而制作的精良和外观的美观是我们组模型制作的目标。大方向确定之后，各位组员开始收集资料，图纸搜集完备之后，我们把 1：75 缩尺定为“蒙娜丽莎队餐厅”的比例尺。

2、实现把二维的图纸转化为三维的模型的开端在于材料和工具的准备。我们组准备的材料有 KT 板、木板、有机玻璃、木棍、白色吸管、纹理贴纸、铁丝、草粉、小石头、植物模型等。工具有剪刀、勾刀、木锯、胶枪、热熔胶、磨砂纸、白乳胶、直尺等。材料和工具购置完毕之后，我们开始了模型底板的裁切、内部组件的制作、主体建筑墙面的裁样和围合等，同时一部分同学开始制作周边的绿化和点景的构件制作工作（图 13-20）。

3、制作过程中的不足之处：

（1）前期准备不充分，缺少方案策划书及制作日程表。

（2）组员制图缺乏制定比例尺的意识，致使构件尺寸不准。

（3）资料搜集的不齐全和制作步骤的不明确，导致制作过程的进度缓慢，甚至多次出现返工。

（4）时间安排不妥当，导致团队工作交接的困难。

（5）对材料和工具的熟悉度不够，导致模型的细节制作过于粗糙。

（6）遇到制作难题时缺少交流，以致部分问题得不到解决。

4、这次空间模型的课程，我们组同学们的尝试欲望高涨，致使过于热衷实践而没有听完老师的讲解就开始制作，而老师的做法是没有阻止我们，先让我们调动自主性去创作和发挥，等到难题出现时再逐一进行阐释和指导。失败的体验总让人记忆深刻，而此时老

21 | 23
22

图 21 已完成模型作品的俯视图
图 22 已完成模型作品 1
图 23 已完成模型作品 2

师的指导比起失败前的说教显得尤为高效。有了这次失败的教训，接下来的制作我们更显谦虚和用心，最终使模型得以顺利完成。

（1）认知是建筑设计的基础，要设计好作品就必须先理解好作品，通过认知然后再扩散自己的思维模式，能够使得设计作品享有独有的生命，也是设计的精髓。

（2）随着模型制作深入，逐渐扩大面积和增加细部，落实模型的每一个步骤都使我们更进一步地接近完美。

（3）制作模型可以使我们更接近设计的实际想法，如借以推敲建筑的内部或者外部的造型、结构、色彩、表面肌理及光线等。

5、已完成的作品欣赏（图 21-23）。

三、课例总结

1. 教师要与学生考察一些特色的餐厅，这使得学生对餐饮空间设计得到了进一步的认知，这样再给学生讲述餐厅设计理念和设计方法时学生能更快地进入创作的状态。

2. 我的“餐厅”设计涉及顾客空间、管理空间、公共空间和调理空间（厨房、冷藏间）等问题，这对学生来说在空间划分上难度较大，但通过“餐厅”模型制作，他们学习了餐厅设计所遵循的功能、主题形式、空间划分和内外部空间的组合关系，以及各种不同形态的餐厅所体现设计者独特的思维。

3. 本课例让学生在以后的日常生活中注意到各种风格类型餐厅的特点，使他们对餐厅设计有进一步的了解和提高。

拾捌、我的“交通”

一、教学目的

本课由广州市少年宫、广州市现代交通和可持续发展政策研究所（ITDP）联合主办，以夏令营的方式进行，目的在于聆听孩子对城市交通设计的想法，引发人们对儿童安全出行的关注以及对建设美好城市和幸福社会的思考。

二、教学步骤

1. 专业导入

(1) 项目背景

全世界每年死于交通事故的儿童超过 26 万，每年因道路交通事故遭受非致死性伤害的儿童人数达 1000 万以上，其中 93% 发生在中低收入国家。中国的儿童意外伤害中，道路交通伤害是首要的。2011 年中国共发生中小学生及学前儿童道路交通事故 12320 起，造成 2670 人死亡、11417 人受伤。儿童在道路交通系统中是一个特殊的群体，他们主要是步行者、非机动车驾驶员和机动车乘客，是道路交通系统中的弱势群体，是道路安全重点关注的人群。在我国机动化和城市化进程快速发展的今天，如何进行儿童道路交通伤害的预防，已经成为一个迫在眉睫的问题。城市人性化设计在很大程度上体现的是对弱势群体的关怀，所以，关注儿童安全出行，是道路交通设计的一大要素（图 1-2）。

(2) 地域关注

据不完全统计，广州市现有中小学，包括幼儿园共 3000 多所，每天有 150 万儿童在城市中活动。我们在设计交通设施时有没有考虑到他们？学校周边有没有为他们专门设计的交通设施？这是体现

图 1 还没规划 BRT 路线的广州黄埔大道

图 2 还没完善平行过街系统的广州黄埔大道

我们这个城市的人性化的“问题”。

(3) 价值体现

“城市是否忽视了儿童，交通是否淡忘了孩子，设计是否成为了成人的专利？我们与儿童一起以完整交通设计行为来告诉社会，我们的领地我们做主。”

★中国首次儿童版的城市交通设计

★为中国大型城市中的儿童寻找高层次的设计思维

★呼吁城市规划者关注城市儿童的生存与权利

★儿童设计城市，向公众传播自己的生存话语权

(4) 合作伙伴

广州市少年宫、广州市现代交通和可持续发展政策研究所(ITDP) 共同设立此项目，ITDP 是一个国际性的非政府、非盈利组织，致力于在技术上支持政府关于绿色出行的工程创建项目（如：BRT、绿道、城市管理、城市创建等)，让更多的民众参与绿色出行，从而引导政府部门创建和支持更多绿色出行的项目，以达到人人参与、人人关注低碳环保城市创建理念的目的。本次活动中，广州少年宫与 ITDP 合作，学生们将全程体验专业设计流程，并且有专家亲临现场参与互动，以小组形式在专业教师的指导下进行设计体验。

(5) 项目具体实施

A. 我们的着眼点：平安成长比成功更重要。

a) 学校周边的特殊性（一切以学校为平台)；

b) 儿童行为的特殊性（一切以儿童为中心)；

c) 儿童为自己设计的可能性（准专业的思考方式)；

d) 正常的交通设施在特殊条件下的改变（交通的人性化)；

e) 城市的主人是谁？城市的交通设施为谁服务？（儿童与城市的关系)。

校园周边人行通道包括：人行横道、人行道、人行天桥、自动人行道等。校园周边人行通道面临的问题有：通行安全（人身安全)、道路拥堵、道路方向识别以及是否有少年儿童的设计标准等。

B. 我们要完成什么：

a) 每一步的设计稿（不一定是绘图的所有设计)；

b) 每一步所留下的痕迹与思路（所有和这次设计有关系的物品)；

c) 团队设计日志与交流记录（鼓励有痕迹的交流)；

d）实际模型与图纸（不鼓励幻想，鼓励解决问题）。

C. 我们作品的意义：

a）我们要告诉社会，其实你们忽视我们很久了；

b）我们要告诉学校，其实我们可以保护我们自己；

c）我们要告诉同伴，绿色在你身边，留心一下；

d）我们要告诉家长，设计步行、安全我懂；

e）我们要告诉城市，有了我们的参与，才有城市的未来。

（6）活动原则

本次设计活动最大的原则：学会“自我管理”——我的事情我负责。

A. 安全和健康：

a）学生要注意行程中每天的活动时间及地点的变化，以免掉队（特别是外出的时候）；

b）学生在学校周边考察时请勿追逐嬉戏，注意自己和队友的人身安全；

c）学生要每天清点工作装备（如笔、本子、相机、手机、反光背心等），并且妥善保管所有携带物品；

d）天气炎热，要自备饮用水，外出请准备帽子、雨伞和防晒用品等；

e）任何时候如有身体不适，请首先告知身边的同学，并及时向助教老师求助。

B. 友善与合作：

a）教育学生要友待对待周边的人与环境，真诚礼貌待人，保持环境卫生；

b）独立思考很重要，运用集体智慧更重要；本次活动要以团队决胜，越懂得合作越有优势；发现你身边队友的优势，一起冲击高难度设计挑战；

c）设计活动中的所有同学，既是彼此激发斗志的竞争对手，也是相互支持的合作伙伴；团队赢得越多同学的认同，赢取终极大奖的机会就越大。

C. 网络化学习：

a）具备网络使用能力的同学需要建立个人博客和微博，在网络上完成指定的课后任务；

b）网络学习能力最强的个人前三名，将获得“传播特别奖”，这是唯一的个人奖项；

c) 如果你不太熟悉使用网络，可以寻求队友的帮助，在课堂上拍下手绘的设计图，让队友帮你在网上发布课后任务；

d) 充分理解父母对自己沉迷网络的担心，并用实际行动证明你值得信任。

D. 时间管理：

如果团队想取得优秀成绩，“准时”是一项很重要的加分要素。

2. 参观广州市公安局智能交通管理指挥中心

（教师贴士：教师在上课前对交通问题做前期调研，为学生提前准备问题。设置“连环三问”，如到交警指挥中心之前，你想问的第一个问题是什么？看到交警指挥中心大厅后，你想问的第二个问题是什么？听完交警的交通知识介绍，你想问的第三个问题是什么？要求问题设计有趣、特别及可回答。）

以下问题可参考：

问题 1. 城市的整体交通与城市的状态。

问题 2. 如何系统地满足快速通行的需求？

问题 3. 广州的交通特色与现状。

问题 4. 你熟悉的社区在整个城市交通中的位置（图 3-4）。

3 | 4

图 3 学生参观广州市交通管理指挥中心

图 4 广州市交通管理指挥中心的交警给学生讲解交通知识

3. 发现学校周边道路的盲点 + 设计师的专业指导 + 学生的创作理念 = 概念化草图

（教师贴士：教师在设计前带领学生实地考察交通安全出行的利弊，并解说交通设计工程师开展项目时的分工职责（角色），使学生对道路设计有一定的认知，使学生的设计思维得到发散。）

(1) 实地勘察

针对广州市的某一路段进行实地勘察，这一路段可以是市少年宫附近，也可以是从自己家到学校的路段。勘察内容包括：有多少个过街点、多少个红绿灯、多少个过街安全岛、多少交通违章，人行道宽度多大、残疾人有无进入人行道的障碍、行人的过街需求、人行道有无中断等。并将调查结果与前一天进行的身体测量数据相

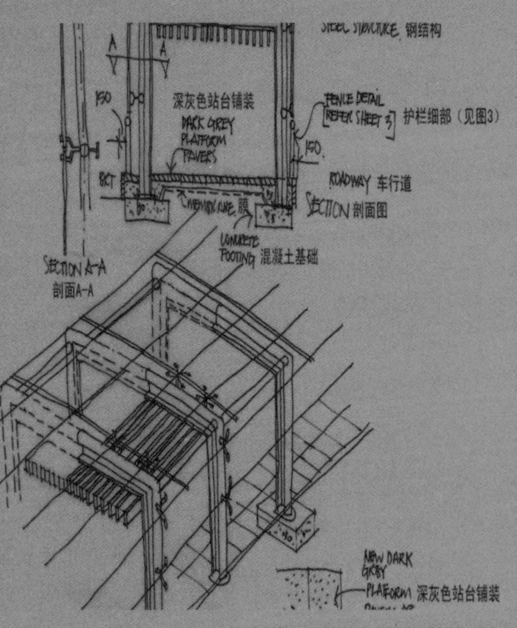

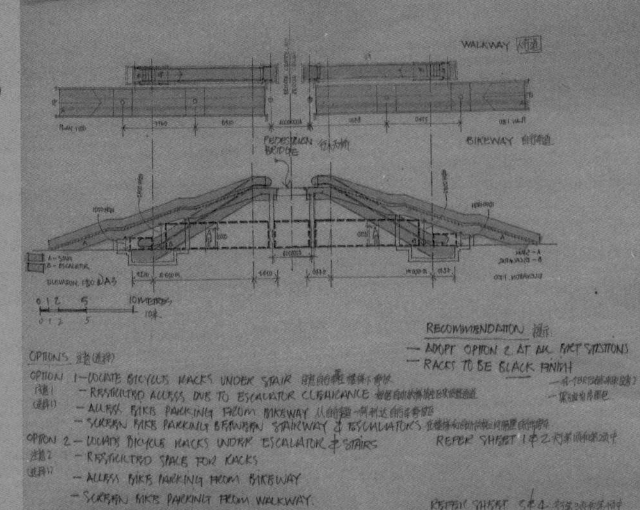

图 5 专业设计师的站点设计稿
图 6 专业设计师的自行车停放点设计稿

结合，分析这些交通设计是否能保障人身安全，随后与大家分享（图 5-6）。

(2) 设计草图及模型制作

A. 各组找准自己的设计对象，选择设计路段，在前期调研的基础上，发现选定路段交通的利弊点，然后寻找解决的方法和措施，提出“概念设计方案”。

B. 在设计中，教师引导学生要有成本的概念，如建设地铁与建设 BRT 的成本，两者每修一公里的工程造价对比等。不能天马行空，设计中衡量各项可行和不可行因素，争取利益最大化。

C. 学生通过自己的观察和发现选定路段，记录构思，设计草图，通过草图与老师、同学及专业设计师交流，听取意见，进一步改善，逐步将构思形象化，各项设计模型化，体现三维概念的空间关系，利用建筑模型可以激发学生更多的创造力（图 7-15）。

D. 模型制作：

a) 首先结合城市道路交通的利弊，选好自己所需要的原材料，并进行分类（图 16）；

图 7 广州珠江新城规划现状
图 8 学生考察广州珠江新城CBD 隧道路段
图 9 学生考察广州珠江新城华夏路段
图 10 学生考察广州珠江新城CBD 隧道环岛路线

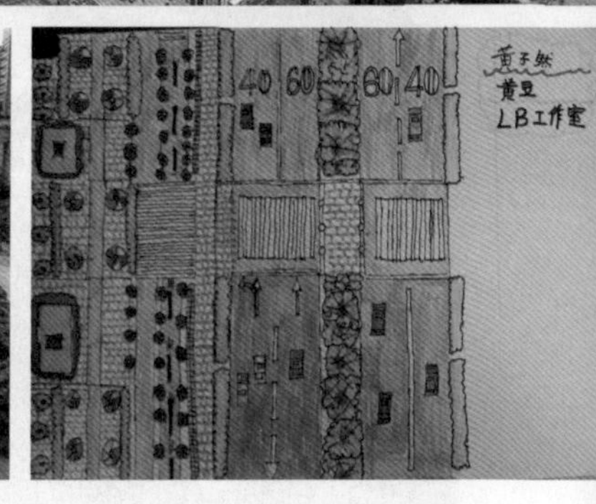

15	11	
12	13	14

图 11 广州珠江新城路段现状
图 12 学生考察广州珠江新城作记录
图 13 学生考察广州珠江新城拍照记录
图 14 作品（黄子然 9 岁）
图 15 作品（张一多 9 岁）

b) 我们的每一条城市道路交通利弊点可能都有很多，鼓励学生选取其中的某一条实际道路或者某一个实际路段进行分析和改造（图 17-20）；

c) 交通设计涉及人行横道、人行道、人行天桥、公共汽车道路、过街安全岛等空间的划分和使用，对学生来说，如何合理地划分空间是难度较大的课题，设计中常常会遇到一些可行或者不可行的因素；

d) 交通设计涉及到一些空间划分、成本支出等方面的因素，要多向专业设计师请教，通过草图和模型进一步修正（图 21-25）；

e) 各组根据自身特点，选择适合自己的设计形式，可以是模型、漫画、图片解说，也可以是设计图、积木、乐高等（注意设计作品的要求，不要做天马行空的想象）。

三、课例总结

A. 广州市少年宫常务副主任关小蕾老师说："本课有可能让孩子真正地改变他们的生活方式。"

B. 广州土人景观顾问有限公司总设计师庞伟老师说："让孩子们自己去发现这个城市，他不再是这个城市的被动者，而是一个主动者，他去寻找问题，并且尝试去解决问题，没有什么比这样的教育方式更加能够提升人、培养人。"

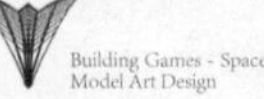

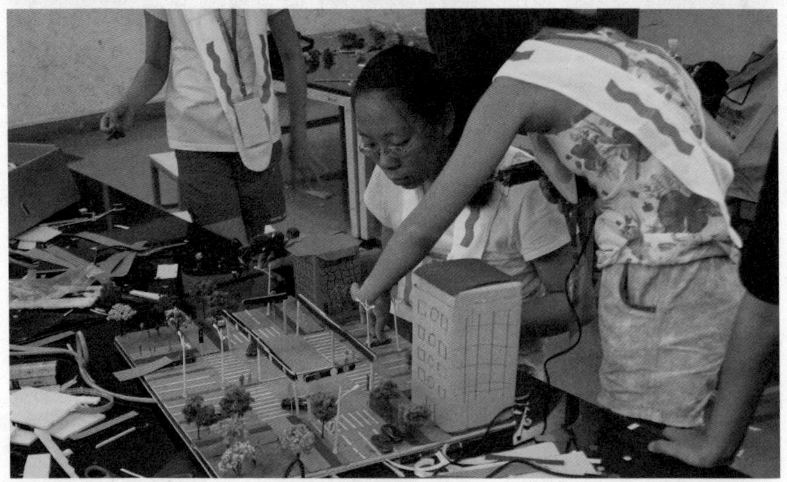

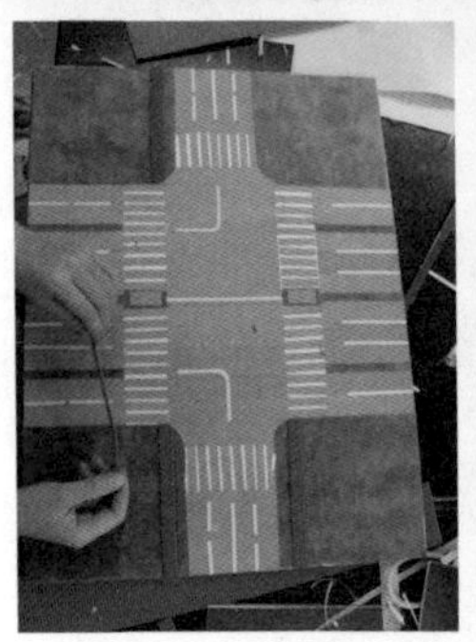

图 16 研究生蒙子伟给小学生讲解
图 17 同学交流协助建模
图 18 模型底座
图 19 小组完成作品（易可维、张一多、子然、何子韵）

C. 广州美术学院美术教育研究所所长陈卫和老师说："他们学会了用一种视觉思维的方式来解决问题，其实艺术教育说到底不是知识传授，而是一种生命的体验。"

D.ITDP 城市发展项目经理格卫理老师说："这是一次很有创意的活动，因为它给孩子提供了一个机会，去观察他们的城市，去为城市服务，去思考城市是如何发展的，她的未来如何？然后，孩子

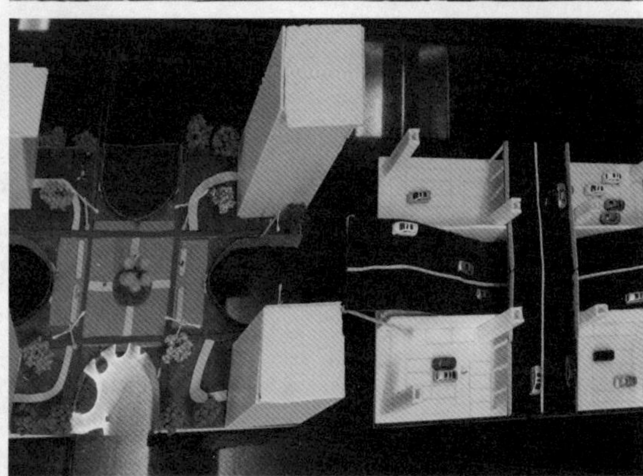

20	22
21	23
24	25

图 20 小作者们与作品合照
图 21 模型底层
图 22 思考停车场的设计
图 23 分层的模型已经做完了
图 24 作品局部
图 25 小组完成作品（陈炫博、卢乾传、杨泽恺）

们回去思考，怎么让城市变得更好？并且提出自己的建议”。

E. 广州市少年宫美术学校校长郭伟新老师说：“这是少儿美术教育的又一次成功，从美术教育和设计教育的角度来讲，学生们把想法、实施和获得社会支持三者统一起来了”。

F. 曾任广东工业大学建筑与城市规划学院副院长的李绪洪老师说：“本课题让学生和专业设计师一起考察周边道路设计的利弊，使孩子对城市交通设计有进一步的了解。其实，小孩解决问题的能力远比我们想象中要强，现在孩子的资讯能力、学习方法和跟社会互动的能力跟过去大不一样，我们可以放手让他们去尝试设计”。

参考文献

[1] 李绪洪著．新说潮汕建筑石雕艺术．广州：广东人民出版社，2012

[2] 李绪洪著．广东历史桥梁的保护与景观有机更变研究．北京：中国轻工业出版社，2010

[3] 张鸿雁主编．城市·空间·人际—中外城市社会发展比较研究．南京：东南大学出版社．2003

[4] 杨鸿勋主编．柳肃副主编．历史城市和历史建筑保护国际学术讨论会论文集．长沙：湖南大学出版社．2006

[5] 沈福煦著．人与建筑．上海：学林出版社，1989

[6] 谭刚毅著．两宋时期中国民居与居住形态研究．广州：华南理工大学博士学位论文，2003

[7] 文化部文物保护科研所主编．中国古建筑修缮技术．北京：中国建筑工业出版社，1983

[8] 中国科学院自然科学史研究所主编．中国古代建筑技术史．北京：科学出版社，2000

[9] 萧默主编．中国建筑艺术史．北京：文物出版社，1999

[10] 程建军著．岭南古代殿堂建筑构架研究．北京：中国建筑工业出版社，2002

[11] 刘大可编著．中国古建筑瓦石营法．北京：中国建筑工业出版社，1993

[12] 陆元鼎，魏彦钧著．广东民居．北京：中国建筑工业出版社，1990

[13] 陆元鼎，潘安主编．中国传统民居营造与技术．广州：华南理工大学出版社，2002

[14] 梁从戒主编．林徽因文集·建筑卷．天津：百花文艺出版社，1999

[15] 杨秉德著．中国近代中西建筑文化交融史．武汉：湖北教育出版社，2003

[16] 梁思成著．梁思成全集·第六卷．北京：中国建筑工业出版社，2001

[17] 梁思成著．梁思成全集·第七卷．北京：中国建筑工业出版社，2001

[18] 沈福煦，沈鸿明著．中国建筑装饰艺术文化源流．武汉：湖北教育出版社，2002

[19] 刘敦桢著．中国住宅概念．北京．中国建筑工业出版社，1981

[20] 沈福煦著．中国古代建筑文化史．上海：上海古籍出版社，2001

[21] 王尔敏．近代文化生态及其变迁．南昌：百花洲文艺出版社，2002

[22] 中国美术全集·建筑艺术篇．北京：中国建筑工业出版社，1988

[23] 中国民间美术全集·起居篇·建筑卷．济南：山东教育出版社，山东友谊出版社，1993

[24] 金维诺著．中国美术史论集．北京：人民美术出版社，1981

[25] 楼庆西著．中国传统建筑装饰．北京：中国建筑工业出版社，1999

[26]（意）马里奥．布萨利著．单军，赵焱译．东方建筑．北京：中国建筑工业出版社，1999

[27] 侯幼彬著．中国建筑美学．哈尔滨：黑龙江科学技术出版社，1997

[28] 罗哲文著．罗哲文历史文化名城与古建筑保护文集．北京：中国建筑工业出版社，2003

[29] 张复合主编．中国近代建筑研究与保护之二．北京：清华大学出版社，2001

[30] 张复合主编．建筑史2003年第一辑．北京：机械工业出版社，2003

[31] 王世仁著．王世仁建筑历史理论文集．北京：中国建筑工业出版社，2001

[32] 罗哲文著．中国古代建筑．上海：上海古籍出版社，2001

Postscript
后记

中国改革开放以来，高等教育的快速发展，近十多年来高校的扩招，造成艺术生源质量下降，综合分析理解能力偏低，学生差异性增大，高等美术教育从原来的“精英教育”转向“普及教育”，但社会对艺术设计人才的需求却向高要求方向发展，造成艺术设计毕业生就业难的问题。以往，高等美术院校与中小学的美术教育都是各自独立研究，课程设计上互不贯通，有些高校的艺术设计课程在一、二年级都是“后高考”的美术造型练习状态，造成课程量增多，专业课的深度不足，投入的经费增大。

本项目联合广东工业大学、广东外语艺术职业学院、广州市少年宫三个不同层次的教学单位，带着上述这些问题，探索高校艺术设计课程与中小学美术课对接的培养模式。广州市少年宫提供教学平台，负责教学管理；广东工业大学和广东外语艺术职业学院提供师资，实践教学。在实践教学中，我们发现学生家长普遍存在着功利主义、急于求成、望子成龙的现象。如何让学生在学习中吸取更多知识是教学的重点；如何与家长对话，保护学生纯净的天空是教学的难点。

本项目在研究实践的过程中，得到了中国美术家协会少儿美术教育委员会、广东工业大学、广东外语艺术职业学院、广州少年宫等单位的大力支持。特别是教育部艺术教育委员会委员、中国女美术家协会顾问何韵兰教授，中国美术家协会少儿美术教育委员会主任、首都师范大学博士生导师尹少淳教授，中国美术家协会少儿美术教育委员会秘书长、中国儿童中心龙念南老师，《中国中小学美术》周殿宝主编，湖南美术家协会副主席谢丽芳研究员，广州市少年宫杨俊东主任，广东省特级教师、广州市少年宫关小蕾常务副主任，广州市少年宫美术学校郭伟生校长，广州市少年宫美术学校蔡军副校长，广东人民出版社林小玲编辑等的鼎力相助，使教学研究和出版工作得以顺利进行，还有我的研究生方儒浠、朱文婉等的资料整理，再次一并表示衷心的感谢！

李绪洪、陈怡宁

2016.6

已出版著作

《李绪洪陈怡宁素描集》 李绪洪 陈怡宁 著

香港大世界出版公司 1999 年

这批作品中一部分是他俩早期的学生习作，一部分则是他俩近期的作品和画稿。虽然，我与他们都是非常熟悉的师生和画友，但系统地欣赏他们的作品还是第一次，一方面我为他俩刻苦、勤奋的精神所感动，另一方面则使我再次感受到素描作为引导艺术家进入自由创作中所起到桥梁作用的重要性。确实，艺术创作是不断探索的过程，是智慧的火花不断燃烧的过程，是创作激情不断迸发的过程，绪洪、怡宁的素描和创作的探索过程和取得的成绩，正印证了这一点。其探索轨迹显示了作者成长的心路历程，给人们深刻的启发。

《广东历史桥梁的保护与景观有机更变研究》 李绪洪 著

中国轻工业出版社 2010 年

本书探索历史桥梁景观有机更变的适应性发展策略，主要论述了历史桥梁退役之后，作为文物建筑，不再是城乡的主要交通载体。它的功能、格局，以及意义发生了根本性的改变，从原来的交通主干线向景观艺术方向转化，从优化、整合、经营、发展的角度来注重历史桥梁的文化内涵。承载的历史信息、艺术科学，成为人们研究人文历史、科学技术的建筑实体；景观空间成为人们休闲游憩的场所，发挥着历史文化的作用。景观有机更变一体化设计从有机更变功能，树立地方标志性建筑地位，立足桥梁景观，与历史街区空间复合，交通功能有机更变一体化设计，有机扩张与伸延景观线，增加景观节点，修理边界空间，以人性化尺度来设计。从比较成功的案例分析切入，看到目前的成就和存在的不足，总结经验，面向未来。

《新说潮汕建筑石雕艺术》 李绪洪 著

广东人民出版社 2012 年

从文化、艺术、建筑三个层面解析潮汕的建筑石雕艺术，探讨潮汕各个时代的人们在文化积淀下对建筑石雕审美趣味的转变，以及建筑石雕在潮汕传统建筑的结构、装饰和审美中的和谐统一。作者从艺术入手，对潮汕建筑石雕的雕刻技术、保护技术、维修技术进行深入研究，注重细节，通过建筑实例，大量图片及一手资料，归纳出潮汕建筑石雕的艺术风格。潮汕建筑石雕不为装饰而装饰的设计理念，装饰与结构的完美结合，是装饰又是结构，是结构又是装饰，对现代建筑设计、建筑装饰起到借鉴作用。

《情感的唤回》 李绪洪 著

广东美术馆 2013 年

“情感的唤回——李绪洪艺术展”将展出李绪洪以中国画为主的绘画作品，涉及山水画、花鸟画两大主题；以其最近两年的新作为主，基本代表了李绪洪的个人艺术风貌。我们希望通过这样的展览对该艺术家的阶段性探索作一些总结和研究，同时对当代中青年艺术家的艺术问题和探索方向做一些探寻和阐释。

游戏建筑

BUILDING GAMES - SPACE MODEL ART DESIGN

空间模型艺术设计

李绪洪 陈怡宁 著

>> 内容摘要

著者从应用的“知”与“行”进行实践、从科技信息进行诱导、从“游戏”中切入教学，从欣赏、分析、设计、模型制作，寓教于乐，用心灵的图式设计城市的未来，突破了传统纯理论和纯技术的分层教学法，探索高校艺术设计课程与中小学美术课对接的培养模式。从人类生存的角度分析建筑与环境存在的问题，及生态平衡的作用，认识和谐建筑环境对人类生存的重要性，引导人们保护建筑环境。

ISBN 978-7-218-10579-6

9 787218 105796 >

定价：59.00元